Khaled Elattar

Desenvolvimentos na Química das Pirido[1,2-a]pirimidinas

Khaled Elattar

Desenvolvimentos na Química das Pirido[1,2-a]pirimidinas

Avanços na química das pirido[1,2-a]pirimidinas

ScienciaScripts

Imprint

Cover image: www.ingimage.com

This book is a translation from the original published under ISBN 978-3-659-82307-7.

Publisher:
Sciencia Scripts
is a trademark of
Dodo Books Indian Ocean Ltd. and OmniScriptum S.R.L publishing group

120 High Road, East Finchley, London, N2 9ED, United Kingdom
Str. Armeneasca 28/1, office 1, Chisinau MD-2012, Republic of Moldova, Europe
Printed at: see last page
ISBN: 978-620-8-08728-9

ÍNDICE

DEDICAÇÃO

Este livro é dedicado ao meu **pai** e à minha **mãe** com muito amor.

OBJECTIVO DO LIVRO

Este livro destaca a pesquisa bibliográfica de uma das mais valiosas moléculas no domínio da química orgânica.

Neste livro, foram discutidos os procedimentos sintéticos e as reacções orgânicas. Ao longo dos últimos oitenta anos e desde que Tschitschibabin preparou a *2-hidroxi-4H-pirido*[1,*2-a*]pirimidina-4-ona e a caracterizou como pirido[1,*2-a*]-pirimidina-2,4-diona, sob o nome de *malonil-a-aminopiridina*, foram realizados muitos estudos sintéticos e reaccionais sobre os seus derivados.

O meu objetivo neste livro é relatar a química das pirido[1,*2-a*]-pirimidinas e as suas aplicações sintéticas. As formas tautoméricas foram relatadas, bem como a importância biológica.

CAPÍTULO 1: INTRODUÇÃO

1. Introdução

Os derivados da piridopirimidina têm uma vasta gama de actividades biológicas, nomeadamente na investigação do cancro e dos vírus [1-3]. A piridopirimidina tem interesse como inibidor da dihidrofolato redutase [4], mas também pelas suas actividades antibacteriana, antifúngica [5, 6], antitumoral [7], inibidora da adenosina quinase [8, 9] e, recentemente, como excelente inibidor potente da Akt1/2 [10].

Muitas pirido[1,*2-a*]pirimidin-4-onas têm sido utilizadas há muito tempo como medicamentos devido às suas elevadas potências e excelente eficácia no tratamento de infecções causadas por diferentes micróbios. As suas progressivas aplicações farmacológicas tornaram o grupo das pirido[1,*2-a*]pirimidin-4-onas um dos mais importantes alvos sintéticos [11].

Uma pesquisa bibliográfica mostrou que muitas *4H-pirido*[1,*2-a*]pirimidin-4-onas 2-substituídas revelaram potenciais actividades antimicrobianas [12]. Uma série de novos derivados de pirido[1,*2-a*]pirimidin-4-onas mostrou atividade antibacteriana e foi considerada comparável ao ácido nalidíxico [13].

Algumas pirido[1,*2-a*]pirimidin-4-onas substituídas apresentaram uma elevada atividade fungicida [14]. Muitos sistemas fundidos de pirido[1,*2-a*]pirimidina-4-onas foram registados pelo seu potencial efeito antimalárico [15]. O ácido 4-oxo-4H-pirido[1,2- *a*]pirimidina-3-carboxílico 9-substituído revelou atividade inibidora da alergia [16]. A risperidona, um derivado da *4H-pirido*[1,*2-a*]pirimidina-4-ona, foi explorada e utilizada numa vasta gama de aplicações como agente antipsicótico potente *devido às* suas actividades significativas de bloqueio da dopamina e da serotonina [17].

Alguns derivados da pirido[1,*2-a*]pirimidina-4-ona mostraram um efeito inibidor seletivo da aldose redutase, exibindo atividade antioxidante [18]. Algumas 3-tetrazolilalquilpirido[1,*2-a*]pirimidin-4-onas mostraram potenciais actividades inibidoras da alergia e broncodilatadoras [19].

Os efeitos analgésicos, anti-inflamatórios e gastrointestinais do 2-(9-(2-piperidinoetoxi)-*4-oxo-4H-pirido*[1,*2-a*]pirimidina-2-iloximetil)-4-(1- metiletil)-6-metoxi-1,2-benzisotiazol-3(*2H*)-ona-1,1-dióxido revelaram um potente inibidor da elastase ativo por via oral [20]. Neste caso, o comportamento do 2-hidroxi-4-oxo-4H-pirido[1,*2-a*]pirimidina-3-carbaldeído [21] em relação a vários reagentes nucleófilos foi verificado com o objetivo de produzir novos sistemas heterocíclicos com um núcleo de pirido[1,*2-a*]pirimidinona. Espera-se que estes derivados apresentem atividade antialérgica.

CAPÍTULO 2: SÍNTESE

2. Síntese

2.1. Síntese da 2H-pirido[1,2-a]pirimidina-2,4(3H)-diona

Nos últimos oitenta anos e desde que Tschitschibabin preparou a *2-hidroxi-4H-pirido*[1,*2-a*]pirimidin-4-ona e a caracterizou como pirido[1,*2-a*]-pirimidina-2,4-diona, sob o nome de *malonil-a-aminopiridina* [22], foram efectuados muitos estudos sintéticos e reaccionais sobre os seus derivados. As propriedades químicas distintas e únicas [23-26] e as aplicações biológicas dos derivados da *4H-pirido*[1,*2-a*]pirimidina-4-ona [27-31] evocaram uma importância para a continuação das investigações sintéticas e químicas neste domínio.

Shur & Israelstam relataram que a reação de 2-aminopiridina e malonato de dietilo na presença de ácido *m-fosfórico* como agente desidratante deu origem a 2H-pirido[1,*2-a*]pirimidina-2,4(*3H*)-diona (**1**) [32].

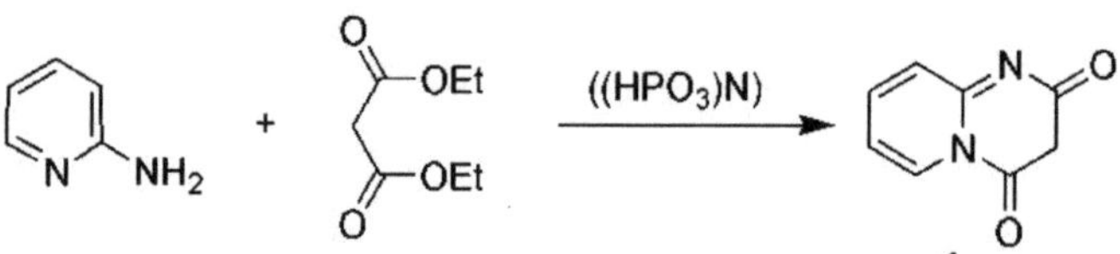

1

Sterk *et al.* [33] relataram a síntese de **1** *através da* reação de 2-aminopiridina com subóxido de carbono.

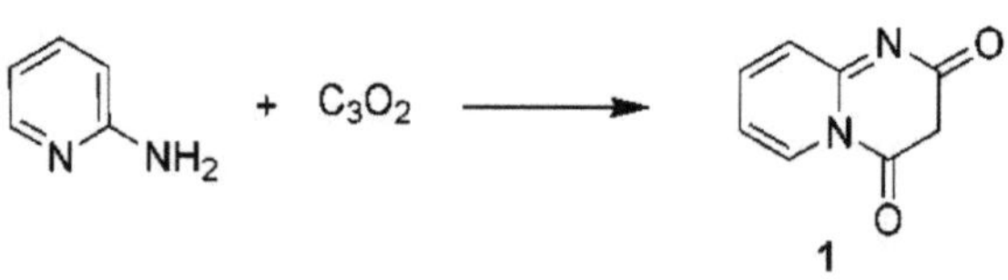

1

Dunn & Norrie referiram que a reação de cicloadição da 2-aminopiridina com malonato de dietilo produziu *2H-pirido*[1,*2-a*]pirimidina-2,4(*3H*)-diona (**1**) com um rendimento de 83% [34, 35]. Além disso, o composto **1**, formado com 96% de rendimento pela condensação de 2-aminopiridina com malonato de dietilo, é electroactivo [36].

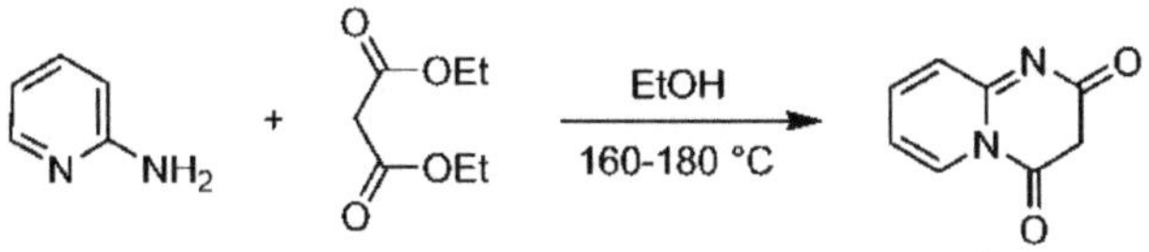

1

De um modo semelhante, a *2H-pirido*[1,*2-a*]pirimidina-2,4(*3H*)-diona (**1**) foi obtida com 98% de rendimento por refluxo da 2-aminopiridina com malonato de *bis*(2,4,6-triclorofenilo) em acetona [36].

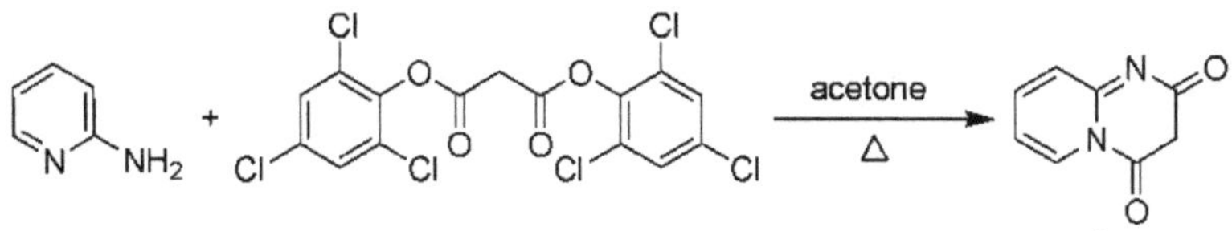

1

2.2. Síntese da 8-metil-2H-pirido[1,2-a]pirimidina-2,4(3H)diona

Foram adoptados três métodos para a síntese da 8-metil-2H-pirido[1,2- *a*]pirimidina-2,4(*3H*)diona (**2**). No primeiro método, a reação da 4-metil-2-aminopiridina e do dietilmalonato foi efectuada em 2-butanol (como solvente) e numa quantidade catalítica de ácido acético glacial. O produto foi recolhido com baixo rendimento, *ou seja*, 28% em estado puro. No segundo método, a mesma reação de 4-metil-2-aminopiridina e dietilmalonato foi realizada em ácido acético glacial (como solvente). O produto desta reação foi obtido com um rendimento de 25%. No entanto, no terceiro método, a reação de 4-metil-2-aminopiridina e dietilmalonato foi realizada sem solvente. O produto desta reação foi obtido com um rendimento de 72%. A condensação direta da 4-metil-2-aminopiridina com o malonato de dietilo deu origem a um produto com bom rendimento [37].

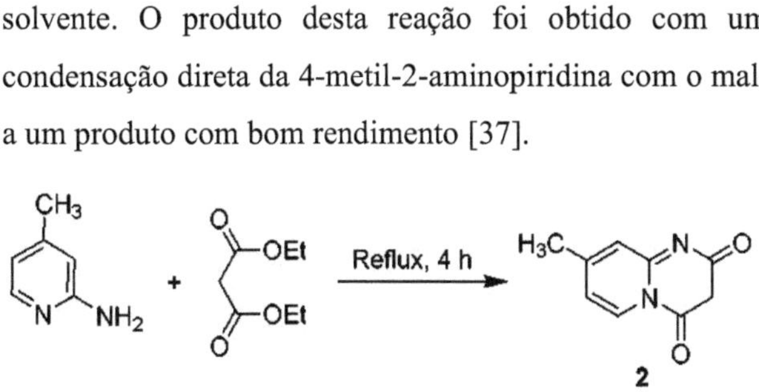

2

Foi relatado que a *2-hidroxi-4H-pirido*[1,*2-a*]pirimidin-4-ona (**1**) é facilmente preparada *através da* condensação térmica de 2-aminopiridina com malonato de dietilo [22, 23, 38, 39]. Por conseguinte, dois heterociclos malonílicos diferentes foram separados *por* cristalização diferencial. O produto maior foi caracterizado como a piridopirimidinona **1** e o produto menor como a 4-hidroxi-1,8-naftiridina-2(*1H*)-uma (**3**) [40].

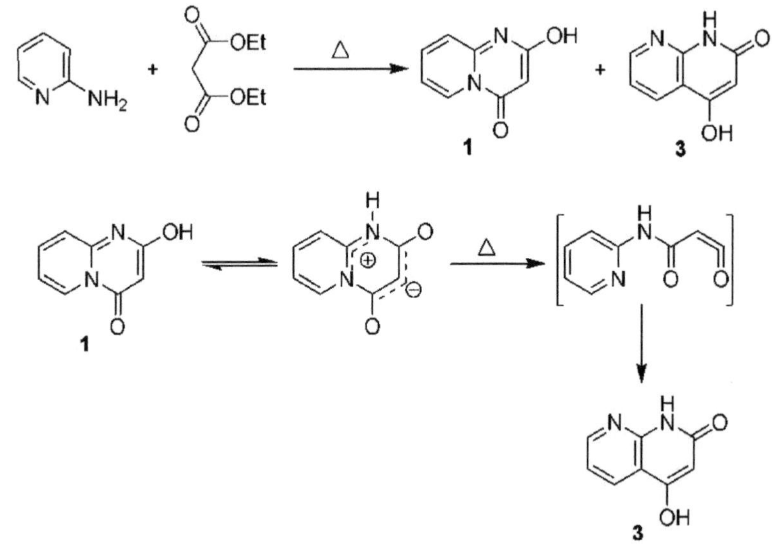

2.3. Síntese dos sais de pirido[1,2-a]pirimidínio

A ciclocondensação de perclorato de 2-aminopiridínio e 3-haloacetilacetonas em etanol a 120-130°C deu perclorato de 3-halo-2,4-dimetilpirido[l,*2-a*]pirimidínio **4** (R= C1, Br) [41, 42]. A ciclocondensação de perclorato de 2-aminopiridínio e acetilacetona a 160°C deu perclorato de 2,4-dimetilpirido[1,*2-a*]pirimidínio [42].

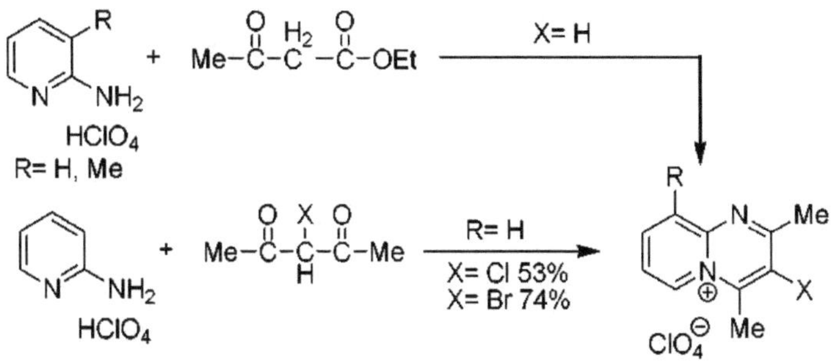

4

Gashev *et al.* observaram uma reação invulgar quando excessos de 1,5-5 vezes de acetoacetato de etilo foram reagidos com percloratos de 2-aminopiridínio a 120-170°C. Em vez de *2-metil-4H-pirido*[1,*2-a*]pirimidin-4-ona, foram obtidos percloratos de 2,4-dimetilpirido[1,*2-a*] pirimidínio **4** (R = H; 9-OH; X = H) [43, 44].

O perclorato de 2-fenilpirido[1,*2-a*]pirimidínio **5** foi obtido com um rendimento de 12% quando a 2-aminopiridina reagiu com perclorato de 2,6-difenilpirílio [45].

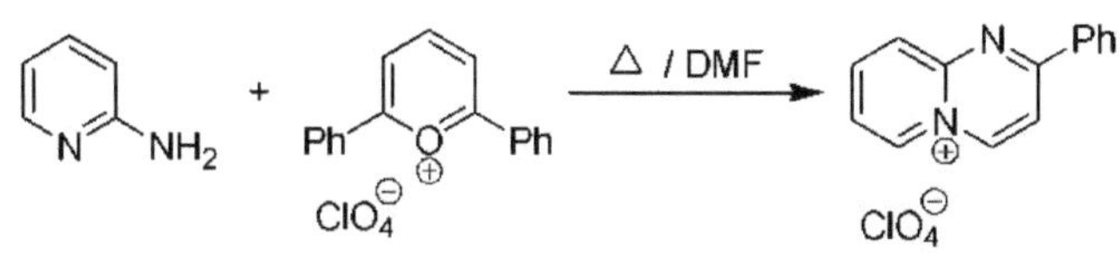

5

A reação de 2-amino-3-hidroxipiridina com 1,1,3,3-tetrametoxi-propano e acetilacetona numa mistura de metanol e ácido perclórico aquoso a 65% a 50°C deu origem a percloratos de 9-hidroxipiridopirimidínio **6** (R = H, R1= H, Me) com bons rendimentos, respetivamente [46]. O perclorato de 9-hidroxipirido [1,*2-a*]pirimidínio **6** (R= R1= H, X= ClO_4^-) foi também preparado quando o perclorato de 2-amino-3-hidroxipiridínio reagiu com tetraetoxipropano em etanol em ebulição [44].

Em condições semelhantes, a 2-amino-3-benziloxipiridina deu origem a uma mistura de percloratos de **9-benziloxi-6** (R= CH, Ph; R1= H, Me) e percloratos de 9-hidroxipiridopirimidínio **6** (R= H; R1= H, Me). Quando estas últimas reacções foram efectuadas à temperatura ambiente durante 72 horas, obtiveram-se derivados 9-benziloxi **6** (R= CH, Ph; R1= H, Me) com rendimentos moderados. O anião perclorato foi transformado em bromo em água com brometo de potássio. Quando as soluções aquosas dos sais de piridopiridínio **6** (R= H; R1=H, Me; X= Br, ClO4) foram tratadas com resina de permuta iónica, os produtos betaínicos **7** foram isolados por evaporação das misturas aquosas da reação até à secura [44, 46].

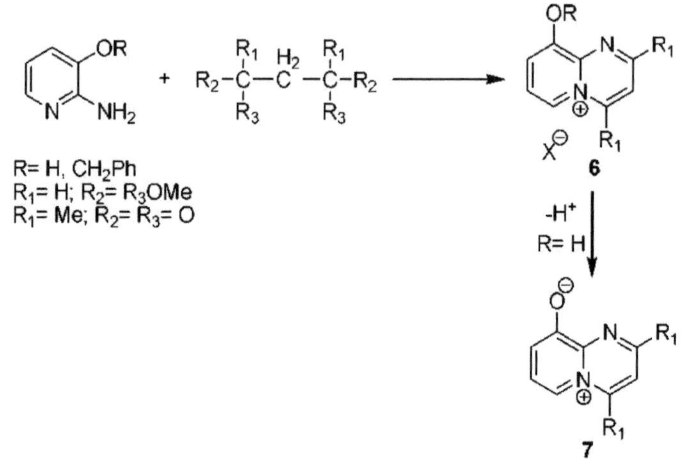

A reação de cicloaminação coplanar intramolecular da 2-(4-pentinil)-5-fenilpirimidina (**8**) deu origem ao trifluoroacetato de 6-metileno-3-fenil-6,7,8,9-tetrahidropirido[1,2- *a*]pirimidínio **9**, que não pôde ser isolado em estado puro [47].

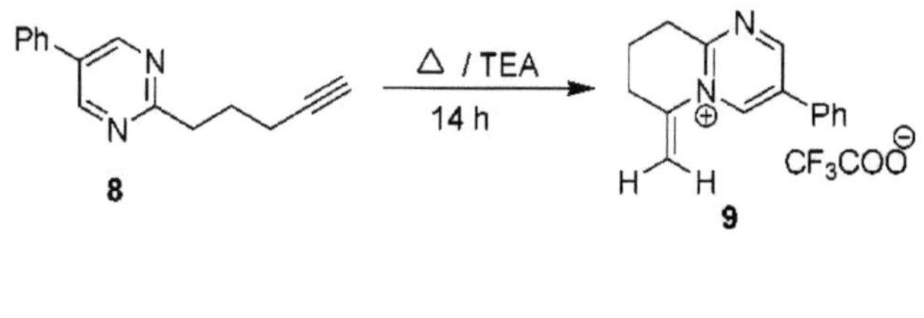

2.4. Síntese diversa de pirido[1,2-a]pirimidinas

A reação de aza-Wittig dos aductos **11** de 2-(trifenilfosforanil1-ideneamino)-1,4-dihidropiridinas **10** e de acetilenodicarboxilatos de dialquilo em dioxano ou tolueno produz *8H-pirido*[1,*2-a*]pirimidina-4,7,9-tricarboxilatos **12** [48].

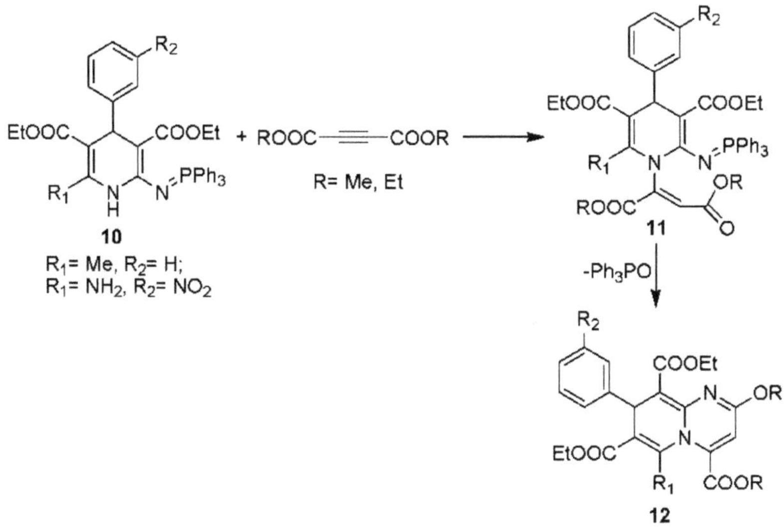

O cloridrato de peridropirido[1,*2-a*]pirimidina (**13**, R = H) foi obtido na reação de 5-cloropentanal e 1,3-diaminopropano em cloreto de metileno na presença de sulfato de magnésio [49, 50].

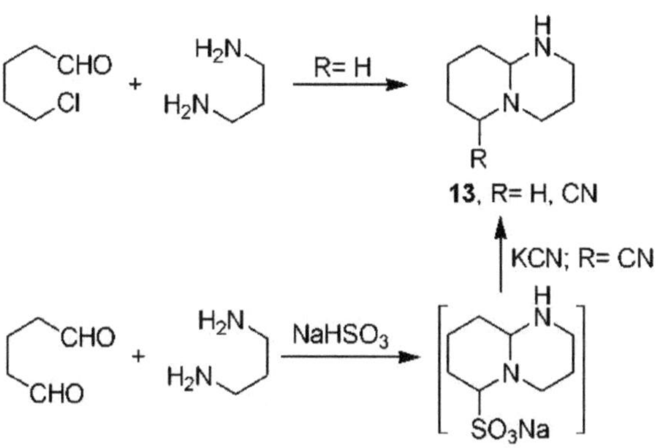

A 6-cianoperidropirido[1,*2-a*]pirimidina **17** (R = CN) foi preparada quando se adicionou cianeto de potássio a uma mistura reacional aquosa de aldeído glutacónico, 1,3-diaminopropano e bissulfito de sódio, que tinha sido deixada em repouso à temperatura ambiente durante 16 horas, após o que a mistura reacional foi deixada em repouso durante mais 24 horas à temperatura ambiente [51]. A reação da 2-

(nitrometileno) hexa-hidropirimidina **16** com o cloridrato da dimetilamino-cetona **14** ou da *α*,β-cetona insaturada **15** permitiu obter *9-nitro-hexa-hidro-2H-pirido*[1,*2-a*]pirimidinas **17** [52].

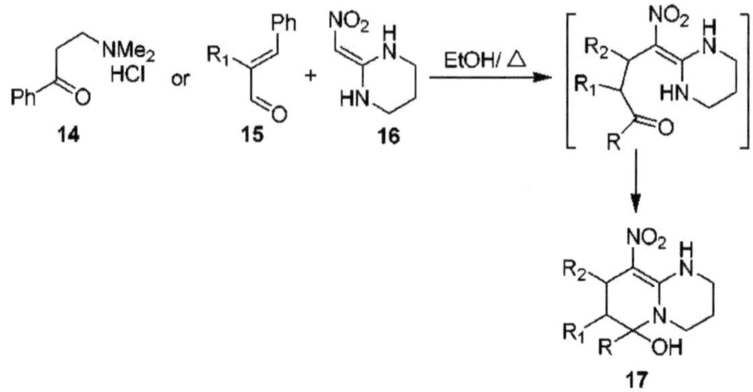

A desidrogenação das oximas *(E)*- e *(Z)-ω-piperidinopropiofenona* **18** e **19** com acetato de mercúrio-EDTA foi investigada por Mohrle e Schmidt [53]. A partir da mistura reacional do isómero Z **18**, os isómeros Z e E da 1-(3-hidroximino-3-fenilpropil)-2-piperidona **21** e **22** e o produto dimerizado **20** foram isolados em 18% e 24,8%, respetivamente. Com seis equivalentes de oxidação, o isómero E **18** produziu os produtos bicíclicos **22** e **23** e os derivados de propiofenona **21**, **22** e **23** com rendimentos de 9,3%, 16,4%, 4,1%, 18,1% e 8,1%, respetivamente. Quando a reação foi realizada com quatro equivalentes de agente oxidante, o N-óxido **25** foi isolado com um rendimento de 44%. A oxidação de piperidino-propionamidoximas **26** com um complexo de mercúrio(II)-EDTA deu origem a uma mistura de isómeros E e Z de 2-(hidroxi-imino)pirido[1,2- *a*]pirimidinas **27** [54]. A oxidação de 3-piperidinopropionamidas **28** com complexo de mercúrio(II)-EDTA deu peridropirido[1,*2-a*]pirimidina-2-onas **29** que exibiram tautomerismo de cadeia anelar [55].

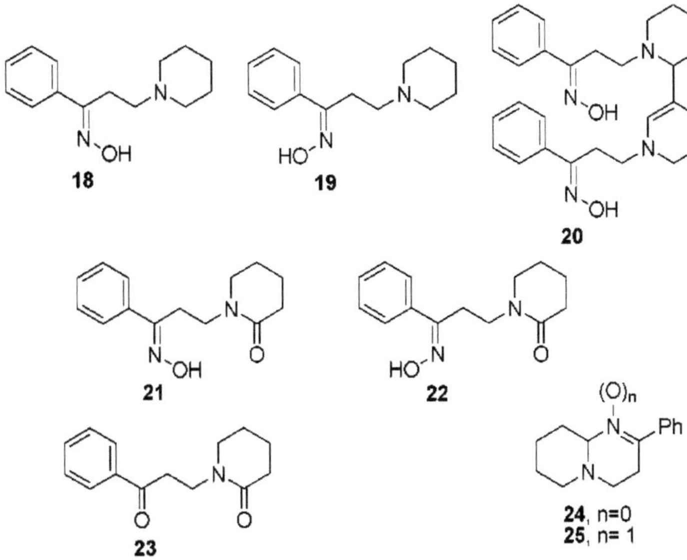

18 19 20 21 22 23 24, n=0 25, n= 1

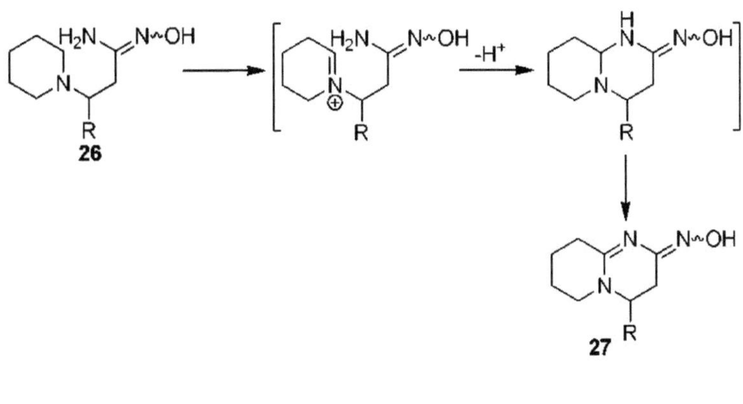

26 27

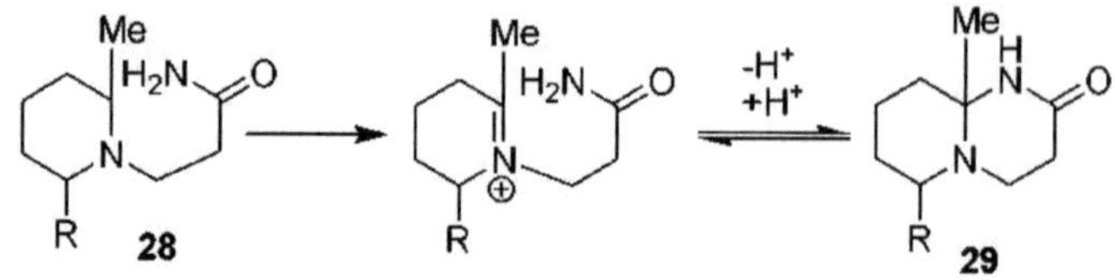

A ciclocondensação da 2-amino-3-metilpiridina e dos aleno-fosfonatos **30**, agitando a mistura reacional na ausência de solvente a 35-40°C durante 48 horas, deu origem a 4-metileno-3,4-di-hidro-2H-pirido[1,*2-a*]pirimidinas **31** [56, 57]. As Os derivados etílicos **31** (R= Et) foram obtidos como misturas geométricas *E* e *Z*.

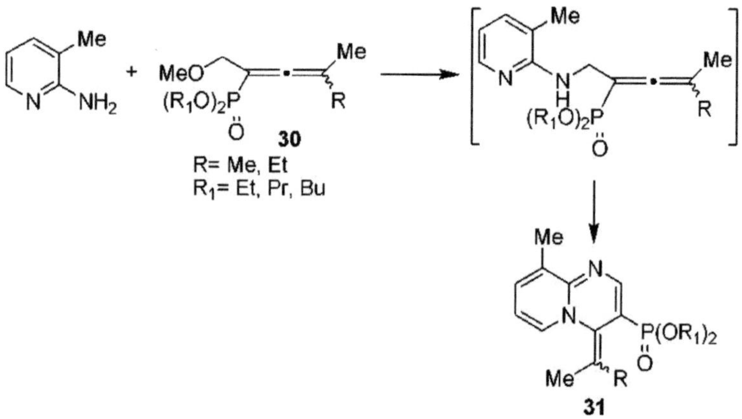

CAPÍTULO 3: ESTRUTURAS TAUTOMÉRICAS

3. Estruturas tautoméricas

Desde a descoberta da *malonil-a* -aminopiridina por Chichibabin [58, 59], os efeitos dos substituintes no anel piridínico na formação de compostos deste tipo foram estudados por vários investigadores, mas, à exceção das reduções do sistema anelar, parece ter sido dada pouca atenção à química da substância. Chichibabin demonstrou na sua investigação original que, embora os compostos bicíclicos sejam facilmente formados a partir de aminopiridina e éster malónico ou de um éster malónico monossubstituído, a reação falha quando se utiliza um éster malónico dissubstituído. De facto, investigações subsequentes [60] mostraram que nenhum composto cíclico resulta da reação da 2-aminopiridina mesmo com dicloreto de dietilmalonilo, mas que se forma uma diamida acíclica. Foi proposto um mecanismo que envolve a forma enol do éster malónico (ou do dicloreto de malonilo) [61] para explicar estas observações, mas não foram apresentadas provas em apoio da hipótese. As limitações acima referidas da ciclização, os pontos de decomposição extremamente elevados dos compostos e as suas pequenas solubilidades em solventes não polares são bastante surpreendentes tendo em conta as estruturas atribuídas (**1a**); de facto, parece provável que estes fenómenos possam ser melhor explicados com base em formas enólicas (como **1b** e **1c**) ou em zwitteriões completamente aromáticos (como **1d** e **1e**). Por conseguinte, procedeu-se a uma investigação geral dos espectros e da química destas substâncias. Foi sugerida a seguinte estrutura dimérica, como a **1f** [62].

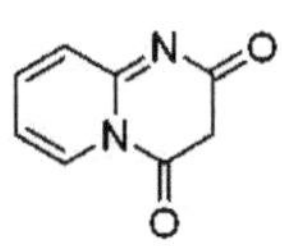
1a

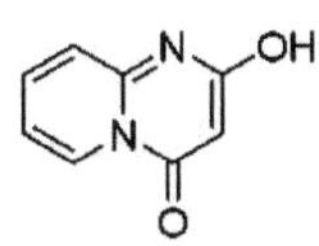
1b

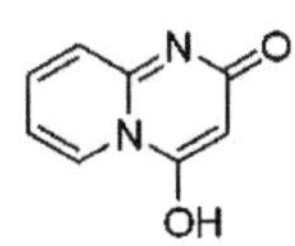
1c

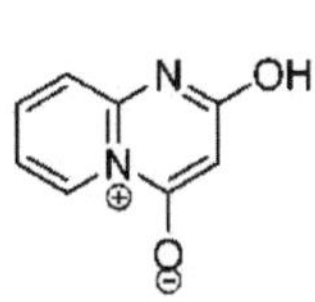
1d

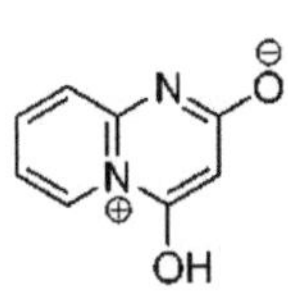
1e

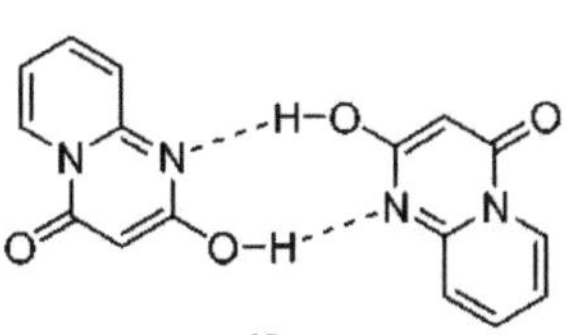
1f

CAPÍTULO 4: REACÇÕES

4. Reacções

4.1. Reação com 1º ry aminas

Os compostos **32-47** foram preparados por refluxo de quantidades equimolares de 8-metil-2H-pirido[1,*2-a*]pirimidina-2,4(*3H*)-diona (**2**) com as respectivas anilinas, aminopiridinas ou hidrazidas na presença de trietilortoformato [37].

4.2. Diazocoupling

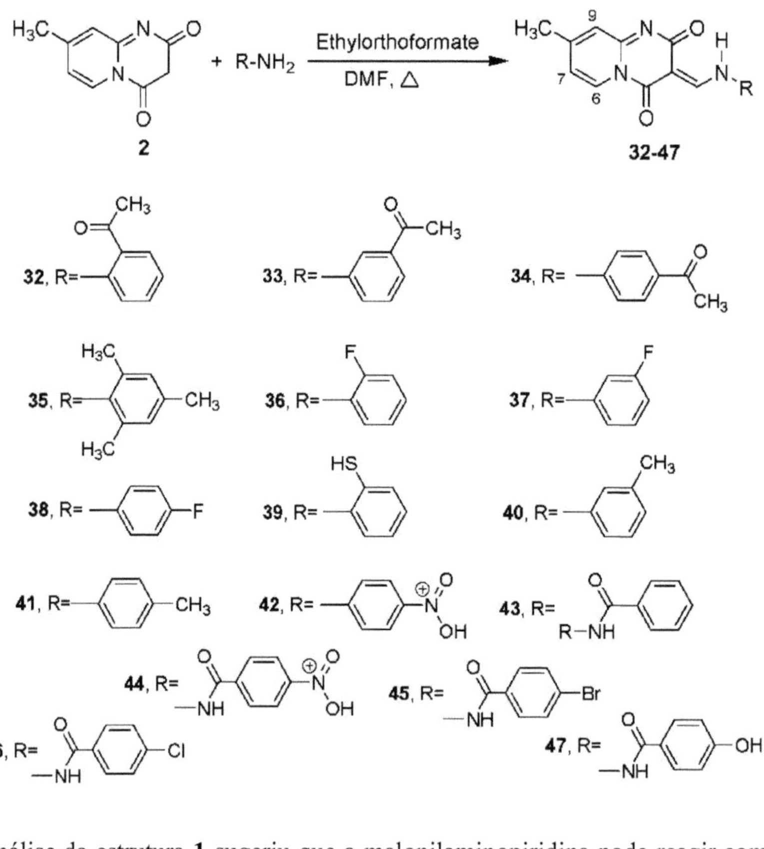

A análise da estrutura **1** sugeriu que a malonilaminopiridina pode reagir com sais de diazónio. A reação com vários desses reagentes foi testada e os produtos de acoplamento foram obtidos com excelentes rendimentos. De facto, parece provável que apenas as perdas mecânicas impediram rendimentos quantitativos em alguns casos. As estruturas possíveis para estes materiais são **48**, **49** e **50**. Se o resíduo de malonilaminopiridina for enólico nestes compostos, só é possível uma ligação azo [62].

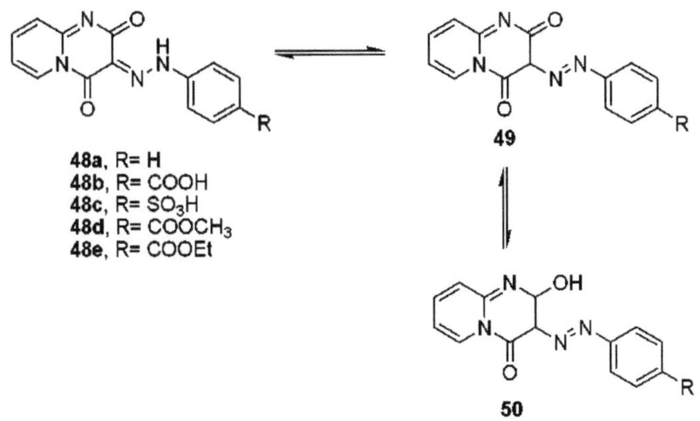

48a, R= H
48b, R= COOH
48c, R= SO_3H
48d, R= $COOCH_3$
48e, R= COOEt

49

50

Fadda & Elagizy [63] relataram os derivados arilazo **51** dos corantes mailonil-α-aminopiridina e avaliaram o seu desempenho em fibras acrílicas, de nylon 6 e de poliéster.

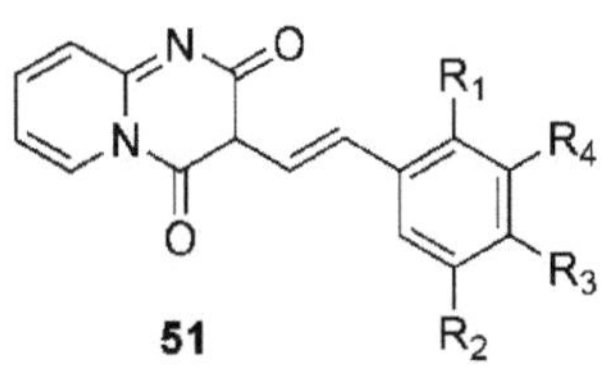

51

R_1= H, OMe, Me, NO_2, p-chlorophenoxy, OEt
R_2= H, CF_3, NO_2, Cl, OEt
R_3= H, Cl, Br, Me, NO_2, OMe
R_4= H, Cl, CF_3, benzamido

4.3. Acetilação

Foi referido que a reação de isocianato de 2-piridilo (**52**) com gás ceteno produziu acetato de 4- *oxo-4H-pirido*[1,*2-a*]pirimidina-2-ilo (**53**). O composto **53** foi também obtido por acetilação do composto do título "obtido por hidrólise do produto acetilado **53** com bicarbonato de sódio a 10%" com cloreto de acetilo. A acetilação do composto **1b** com cloreto de acetilo na presença de etóxido de sódio deu origem ao derivado 2-

acetoxi **53** e ao derivado 3-acetilo **54** [64].

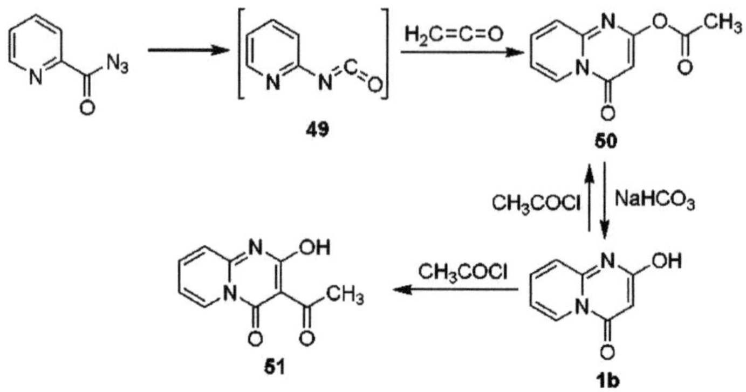

Além disso, a reação da 2-isotiocianatopiridina com a 4-metileno-oxetan-2-ona deu origem à *3-acetil-2-mercapto-4H-pirido*[1,*2-a*]pirimidin-4-ona (**56**). Do mesmo modo, a reação da 2-isotiocianatopiridina com gás ceteno produziu o derivado *S-acetil* **57**, que, após redução, levou à formação do derivado metil mercaptano **58**. Além disso, a redução do composto **58** deu origem à *4H-pirido*[1,*2-a*]pirimidina-4-ona (**59**) [64].

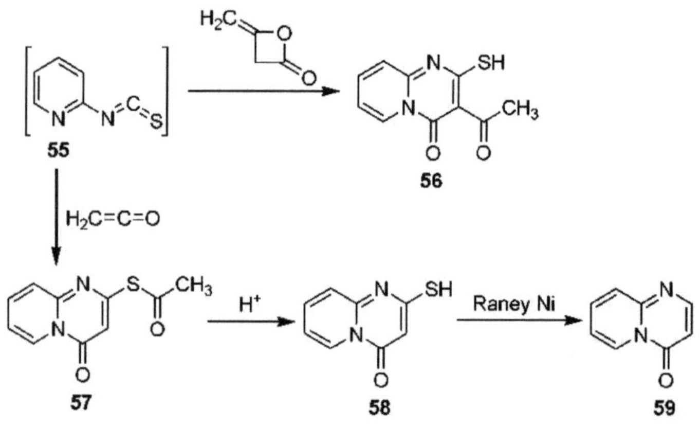

4.4. Alquilação

As correspondentes *2-alcoxi-4H-pirido*[1,*2-a*]pirimidin-4-onas **60a-d** foram obtidas em 58-86%. Ocorreu *O-alquilação* e a formação do derivado 3-alquilado **61** ou do derivado *N-alquilado* **62** deve ser excluída nas condições actuais [65].

Do mesmo modo, os haloacetatos de alquilo, *nomeadamente o* cloroacetato de metilo e o bromoacetato de etilo, foram reagidos com o composto **1** para obter os correspondentes acetatos de alquilo [(4-oxo-4H-pirido[1,*2-a*]pirimidin-2-il)oxi]**60e**, **f**. Verificou-se uma seletividade *de O-alquilação*. Obteve-se (*4-oxo-4H-pirido*[1,*2-a*]pirimidin-2-il)carbonato de etilo (**63**), com 71 % de rendimento, quando se deixou reagir o composto **1** com clorofórmio de etilo. O tratamento do composto **1** com *N*-(2-bromoetil)ftalimida (**64**) forneceu 2-{2-[(4-oxo-4H-pirido[1,*2-a*]pirimidin-2-il)oxi]etil}-isoindole-1,3-(*2H*)-diona (**65**) [65].

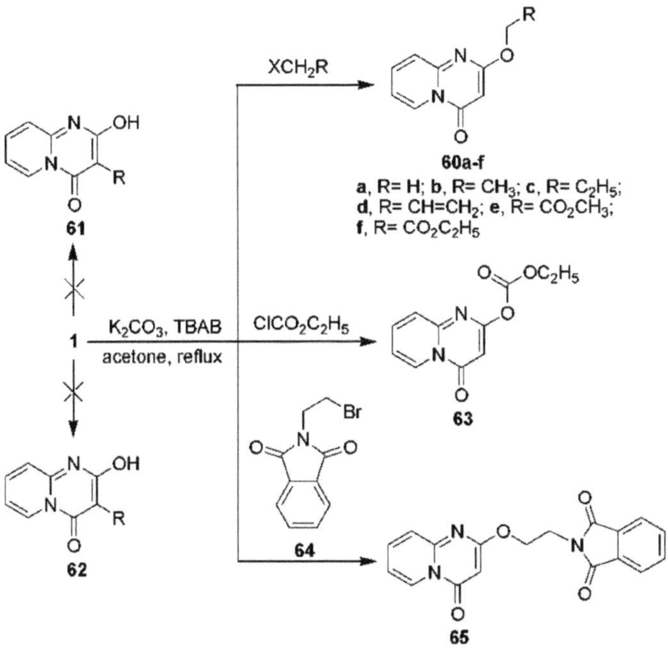

A 2-[(Oxiran-2-il)metoxi]-*4H-pirido*[1,*2-a*]pirimidin-4-ona (**66**) foi obtida *através do* tratamento de **1** com epicloridrina [66]. A adição de **1** ao oxirano **66**, catalisada por trietilamina, permitiu obter 2-{2-hidroxi-3-[(*4-oxo-4H-pirido*[1,*2-a*]pirimidin-2-il)oxi]*propoxi}-4H-pirido*[1,*2-a*]pirimidin-4-ona (**67**). Devido à potencial atividade anti-hipertensiva relatada dos éteres de naftiridinona oxima obtidos por adição de alquil aminas aos seus precursores oxiranilmetil [67], o composto **66** foi sujeito a reação com isopropilamina e *terc-butilamina*. A adição teve lugar em bons rendimentos na presença de carbonato de potássio e brometo de cetiltrimetilamónio (CTAB), obtendo-se as correspondentes 2-(3-alquilamino-2-hidroxipropoxi) piridopirimidinonas **68a, b** [65].

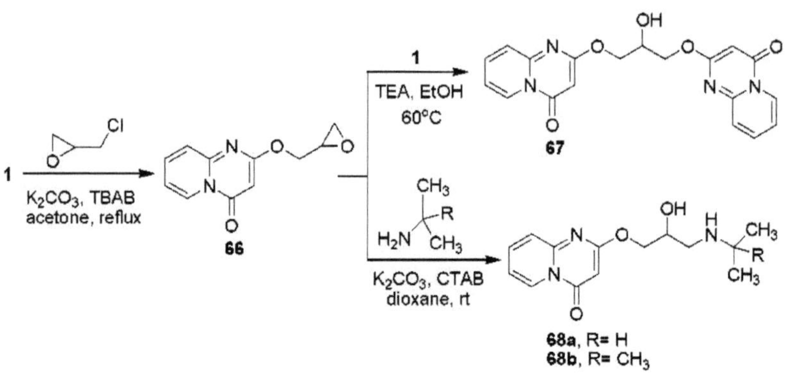

Reagiu-se o cloroacetonitrilo com o composto **1** para obter [(4-oxo-4H-pirido[1,*2*-*a*]pirimidin-2-il)oxi]acetonitrilo (**69**). De qualquer modo, o produto exibiu a forma mesoiónica estável (*5-oxo-5H-oxazolo*[3,*2*-*c*]pirido[1,*2*-*a*]pirimidin-11-ium- 1(*2H*)-ilideno)azanida (**71**) em vez da formação de **70** [65].

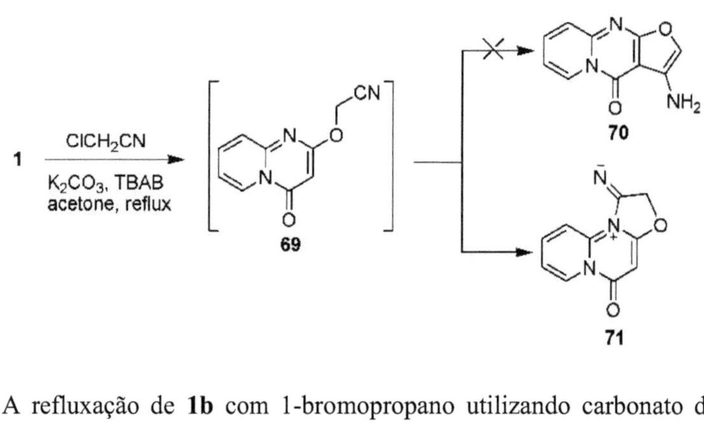

A refluxação de **1b** com 1-bromopropano utilizando carbonato de césio em acetona durante um longo período de tempo (60 h) permitiu obter *2-propoxi-4H-pirido*[1,*2*-*a*]pirimidin-4-ona (**72**) com um rendimento de 63% [68].

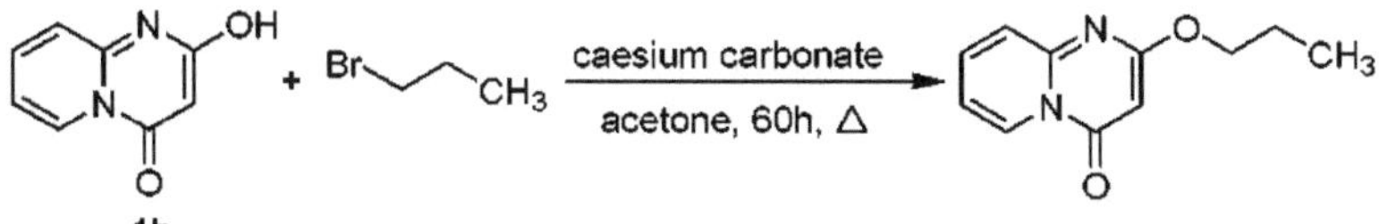

1b 72

A reação de **1** com o derivado de benzisotiazolona **73** em etanol e DMF na presença de carbonato de césio à temperatura ambiente conduziu ao produto alquilado **74** [69].

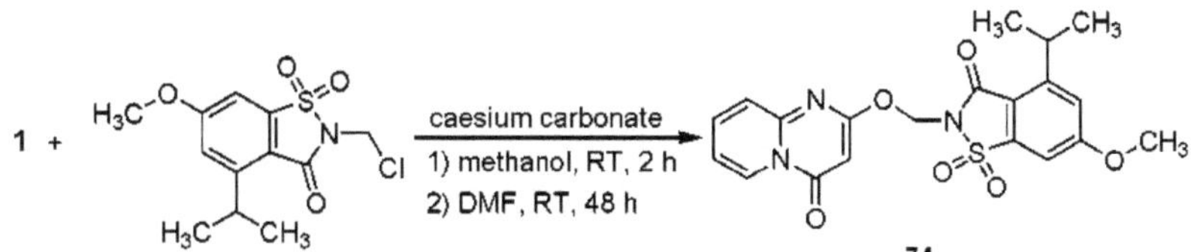

73 74

Os derivados alquilados **75a-e** foram obtidos através de reacções em duas fases. A primeira etapa ocorreu através da halogenação de **1** por *N-cloro-succinimida* ou bromo, ácido trifluoroacético em ácido acético, o que deu origem aos derivados halogenados. A segunda fase ocorre através da reação dos derivados halogenados com *N,N-diisopropiletilamina* ou carbonato de potássio no caso da preparação do composto **75e** em dimetilformamida [69].

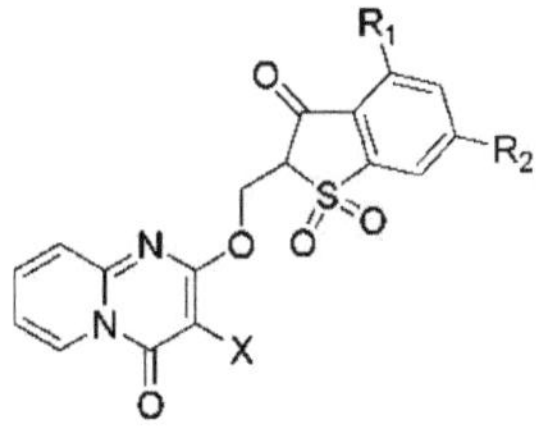

75a, X= Cl; R_1= H; R_2= H
75b, X= Cl; R_1= $CH(CH_3)_2$; R_2= H
75, X= Cl; R_1= $-CH(CH_3)CH_2CH_3$; R_2= H
75, X= Cl; R_1= $CH(CH_3)_2$; R_2= OCH_3
75, X= Br; R_1= $CH(CH_3)_2$; R_2= OCH_3

A reação de **1** com diferentes *a-halocetonas* em refluxo de tolueno catalisada por trietilamina produziu o correspondente **76** [70].

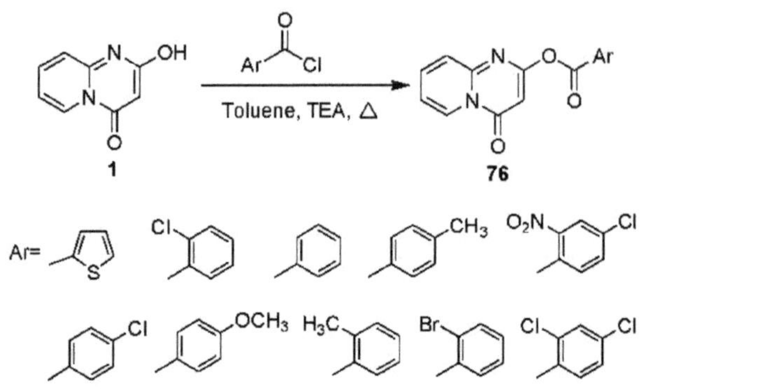

Além disso, a redução catalítica de **1** com Pd/C em DMF durante 72 h, seguida da adição de *a-halocetonas* utilizando carvão ativado, permitiu obter os correspondentes derivados de 2-substituídos-6,7,8,*9-tetrahidro-4H-pirido*[1,*2-a*]pirimidin-4-onas **77** [70].

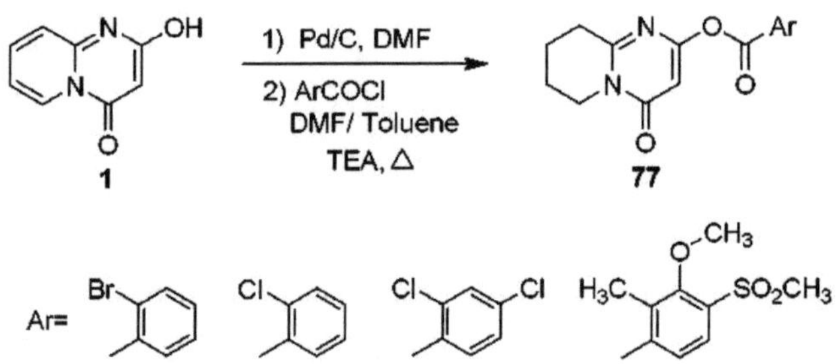

A alquilação de **1** com cloroacetonitrilo, utilizando condições anteriores semelhantes, seguida de adição ao grupo ciano, conduziu à formação de 1-imino-5-oxo-2,5- *di-hidro-1H-oxazolo*[3,*2-c*]pirido[1,*2-a*]pirimidina-11-io (**78**) [65].

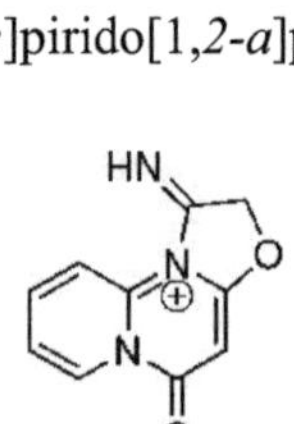

78

4.5. Halogenação

A cloração da piridopirimidinona **1** com cloreto de fosforilo é dependente da temperatura. Assim, o aquecimento de **1** com cloreto de fosforilo, a 100-105° C, forneceu apenas *2-cloro-4H-pirido*[1,*2-a*]pirimidin-4-ona (**79**) [23, 71]. Curiosamente, o mesmo composto foi obtido com maior rendimento (88%) utilizando cloreto de oxalilo em vez de cloreto de fosforilo [72]. Em condições térmicas drásticas (200-220° C), uma mistura de cloreto de fosforilo e pentacloreto de fósforo conduziu à formação de 2,*3-dicloro-4H-pirido*[1,*2-a*]pirimidin-4-ona (**80**). É bem conhecido que o cloreto de sulfurilo é um reagente adequado para a *C-cloração* de derivados fundidos de *γ-hidroxi-apiridona* [26, 40, 73]. Assim, a reação de **1** com cloreto de sulfurilo conduziu apenas a *3-cloro-2-hidroxi-4H-pirido*[1,*2-a*]pirimidin-4-ona (**81**) [65], com um rendimento de 67 %, em vez de 3,*3-dicloro-2H-pirido*[1,*2-a*]pirimidina-2,4(*3H*)-diona (**82**). No entanto, o composto **81** foi obtido anteriormente, como subproduto durante a cloração do composto **1** [23].

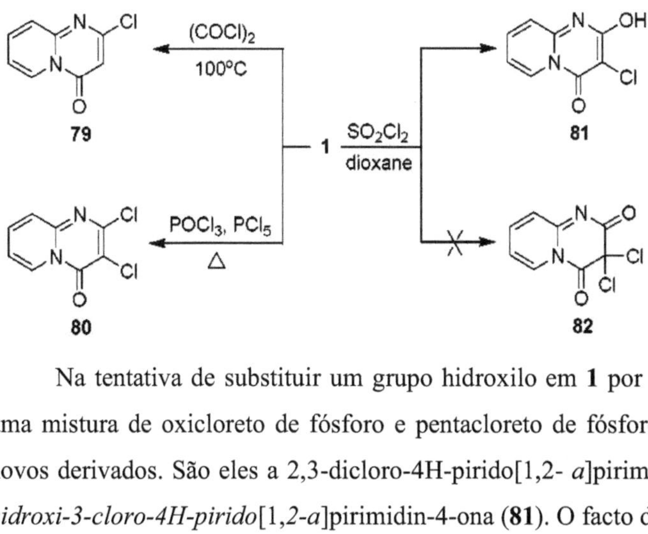

Na tentativa de substituir um grupo hidroxilo em **1** por cloro por reação com uma mistura de oxicloreto de fósforo e pentacloreto de fósforo, foram obtidos dois novos derivados. São eles a 2,3-dicloro-4H-pirido[1,2- *a*]pirimidin-4-ona (**80**) e a *2-hidroxi-3-cloro-4H-pirido*[1,*2-a*]pirimidin-4-ona (**81**). O facto de nenhum dos átomos de cloro do primeiro composto se encontrar no anel piridínico é demonstrado pela hidrólise do material em ácido e pelo isolamento da 2-aminopiridina da mistura. O facto de os átomos de cloro se encontrarem nas posições 2 e 3 é indicado pela grande semelhança do espetro ultravioleta deste composto com o do composto 2-cloro da reação com oxicloreto de fósforo. Parece provável que, na reação com pentacloreto de fósforo, um átomo de cloro seja primeiro introduzido na posição 3. Numa segunda reação realizada durante um período mais longo, apenas o composto dicloro foi isolado; assim, parece que o composto monocloro **81** é um intermediário na formação do derivado dicloro **80** [23, 62].

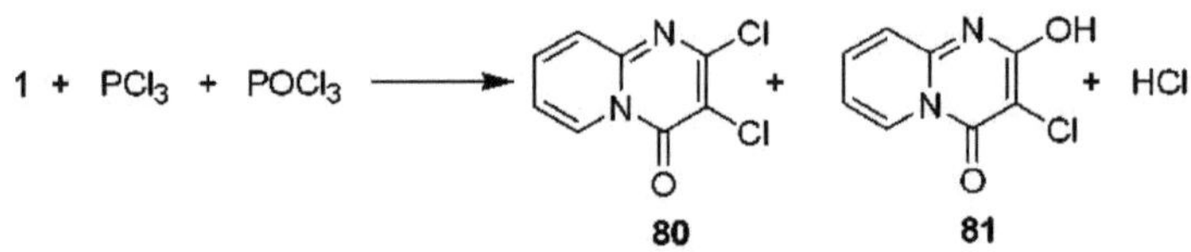

A *3-bromo-2-hidroxi-4H-pirido*[1,*2-a*]pirimidin-4-ona (**83**) foi preparada por reação do composto **1** com bromo em ácido acético à temperatura ambiente [65, 74]. O tratamento de **1** com excesso de bromo em dioxano levou à formação de 3,*3-dibromo-2H-pirido*[1,*2-a*]pirimidina-2,4(*3H*)-ona (**84**). Além disso, o derivado monobromado **83** foi facilmente convertido no derivado dibromado **84** ao ser tratado com excesso de bromo em dioxano. O composto **1** foi seletivamente iodado com iodo em dioxano para dar *2-hidroxi-3-iodo-4H-pirido*[1,*2-a*]pirimidin-4-ona (**85**) com 77% de rendimento [23].

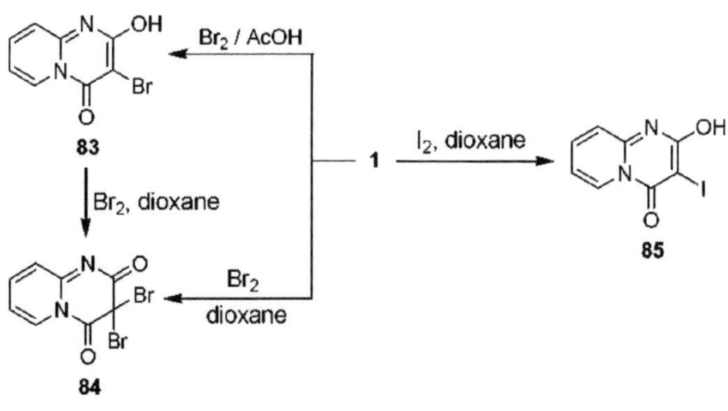

4.6. Reação com aldeídos

Verificou-se que a reação de **1** com *p-toulaldeído* produziu a correspondente *2-hidroxi-5-oxo-N-*(piridina-2-il)*-4-p-tolil-2*,3,4,5-tetra-hidropirano[2,*3-d*]pirido [1,*2-a*]pirimidina-3-carboxamida (**86**) com 92% de rendimento. Por outro lado, a reação de

1 com m-clorobenzaldeído deu origem a uma mistura de derivados (3-substituídos)-4-(3-clorofenil)-3,4-dihidropirano[2,*3*-*d*]pirido[1,*2*-*a*]pirimidina-2,5-diona **87** e **88**. Por outro lado, a reação de **1** com benzaldeído ou *m-tolualdeído* deu origem às correspondentes 4-(3-substituídas-fenil)-3,4-dihidropirano[2,*3*-*d*]pirido[1,2-*a*]pirimidina-2,5-dionas **89** e **90**, respetivamente [75].

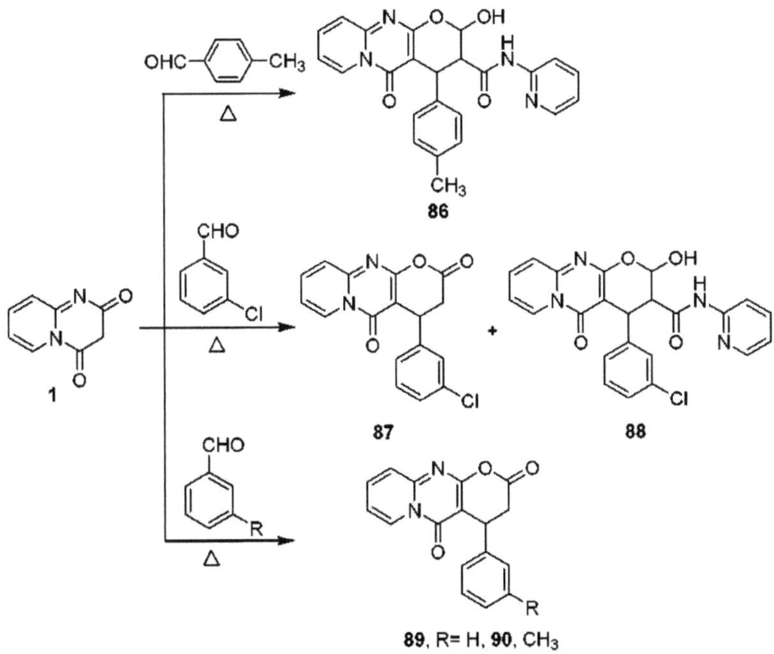

As pirido[l,*2*-*a*]pirirnidinas **1** reagiram com excesso de aldeídos aromáticos **91a-c**, à temperatura de refluxo, para produzir 4-aril *2H,5H*, 3,**4-dihidropirido**[l,*2*-*a*]pirano[2,3- *d*]pirimidina-2,5-dionas **92a-f**. Os produtos da reação podem ser racionalizados com base em três reacções separadas; *isto é,* a condensação inicial de **1** com **91a-c**, a abertura do anel de uma molécula adicional de **1** para produzir ceteno e o correspondente 2-piridilisocianato, e a reação subsequente do ceteno com o produto de condensação intermédio [62].

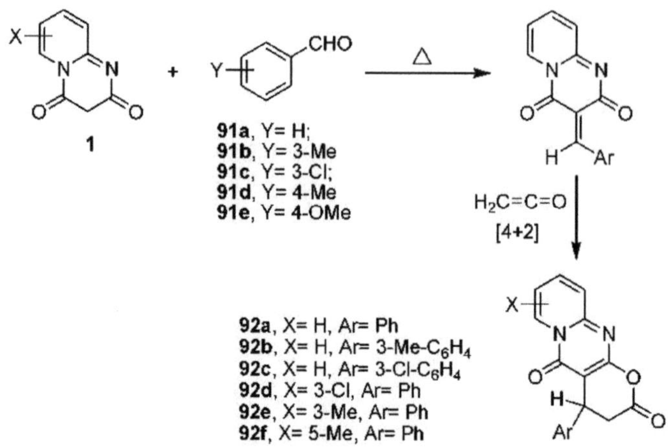

4.7. Transformação do anel

Descreve-se um método simples para a oxidação da 2-hidroxipirido[1,*2-a*]pirimidina-4(*H*)-ona (**1**). O tratamento de **1** com dióxido de selénio em dioxano/água, seguido de aquecimento, conduz diretamente à *1H-pirrolo*[2,*3-b*]piridina-2,3-diona (**93**). O método demonstrou ser eficaz para a preparação de **93**, que é utilizado como síntono para alguns agentes anti-hipertensivos [76].

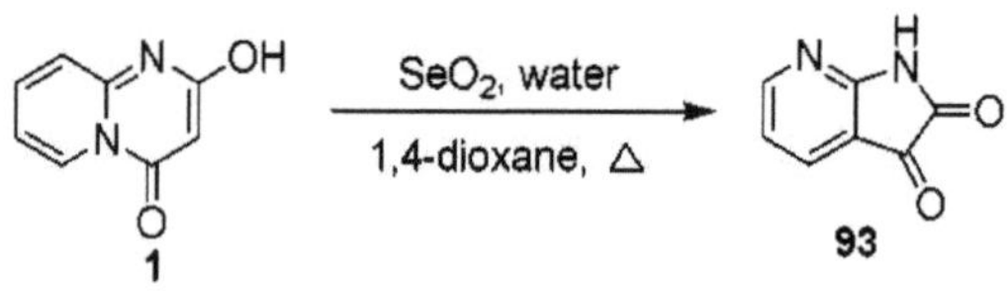

4.8. Abertura do anel

Plueg *et al.* [71] relataram que o composto **1** sofreu uma clivagem do anel após reação em metóxido de sódio e metilação seguida de adição para produzir 3-(dimetilamino)-*N,N-dimetil-3*-(piridina-2-ilimino)propan-amida (**94**).

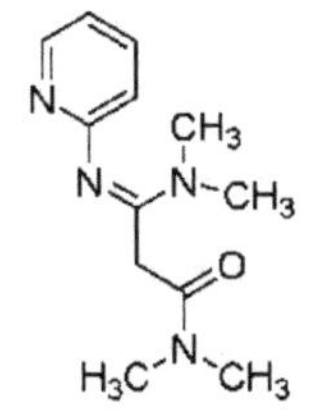

94

As tentativas de recristalização dos produtos de acoplamento brutos **48** a partir de metanol ou etanol não conduzem à sua purificação, mas à formação de outros compostos, com rendimentos que dependem da pureza dos produtos de acoplamento originais. Os produtos resultam da abertura do anel para formar os derivados do ácido mesoxalâmico **95a-e**. Por analogia com as alcoolises, pensou-se que as aminas inferiores poderiam também clivar os produtos de acoplamento. Verificou-se que era esse o caso. *A n-butilamina* reagiu com **48** à temperatura de refluxo para produzir a amida **96** [62].

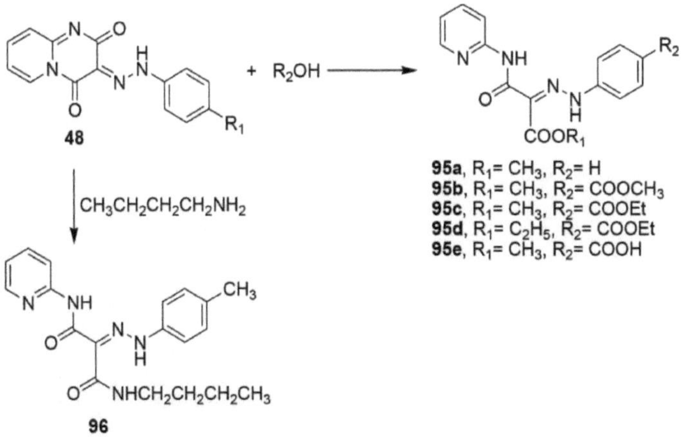

A abertura do anel foi conseguida para uma outra molécula de **1** para obter o ceteno (**97**) e o correspondente 2-piridilisocianato (**98**) [62].

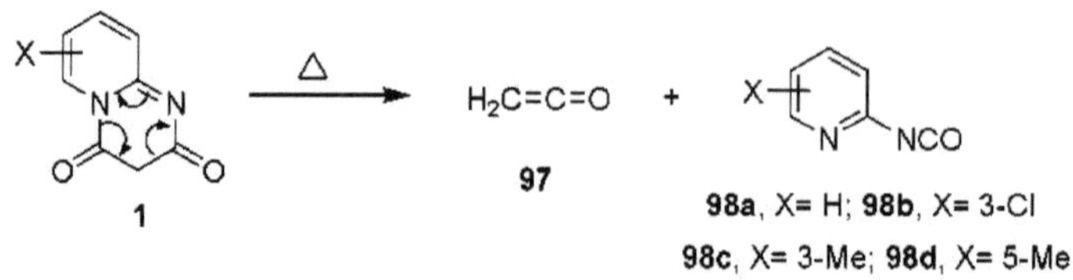

4.9. *Nitrosação seguida de redução*

A nitrosação de **1** com nitrito de sódio em HCl aquoso, sob arrefecimento, deu origem ao derivado 3-nitroso **99** que, após redução com pó de zinco em ácido acético, dá origem ao derivado 3-amino **100**. A ciclocondensação de **100** com acetona em diclorometano e ácido acético glacial ou com formalina em meio aquoso deu origem aos derivados oxazólicos **101** e **102**, respetivamente [77].

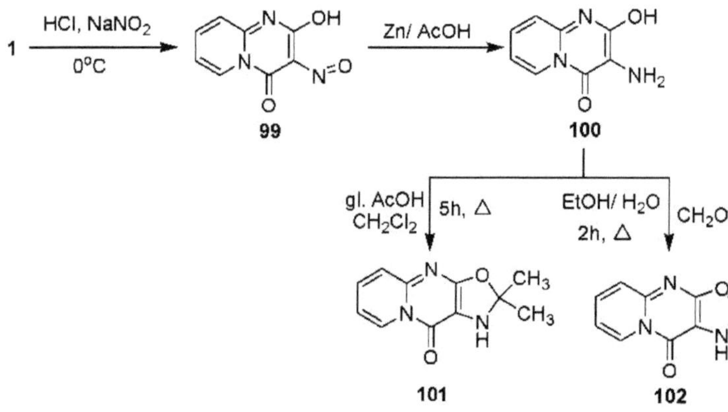

O derivado 3-amino **100** reagiu com cloreto de cloroacetilo após refluxo em benzeno para obter *2-cloro-N-(2-hidroxi-4-oxo-4H-pirido* [1,*2-a*]pirimidina-3-il)acetamida (**103**) [77]

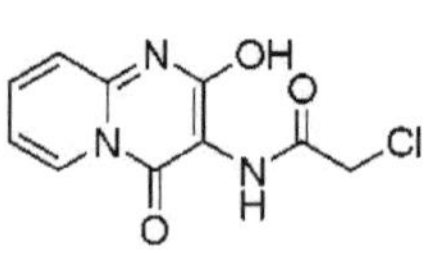

103

4.10. Formilação

A formilação de **1** com formamida produz o derivado de formilo **104** que, em reação com bromoacetato de etilo em solução de etóxido de sódio, fornece o composto **105**. A hidrólise de **105** com HCl conc. produziu o derivado ácido **106**, que foi submetido a uma ciclocondensação com anidrido acético e acetato de sódio, dando origem ao derivado furânico **107** [77].

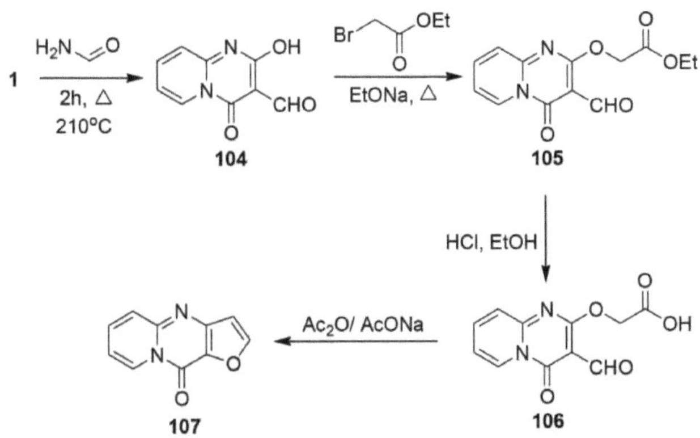

A refluxação do aldeído **104** com algumas anilinas 4-substituídas em etanol absoluto deu origem às correspondentes 3-[(arilamino)metileno)pirido [1,*2*-*a*]pirimidina- 2,4(*3H*)-dionas **108a-d** (R= Me, OMe, Cl, Br), com rendimentos de 61-72%. A reação do cloridrato de dopamina **109** com o aldeído **104** na presença de piperidina deu origem ao derivado fenetilaminometileno **110**. Do mesmo modo, a reação do aldeído **104** com o 4-amino-10-oxa-4-azatriciclo[5.2.1.02,6]dec-8-eno-3,5-diona (**111**) em etanol absoluto deu origem à enamina **112** correspondente [78].

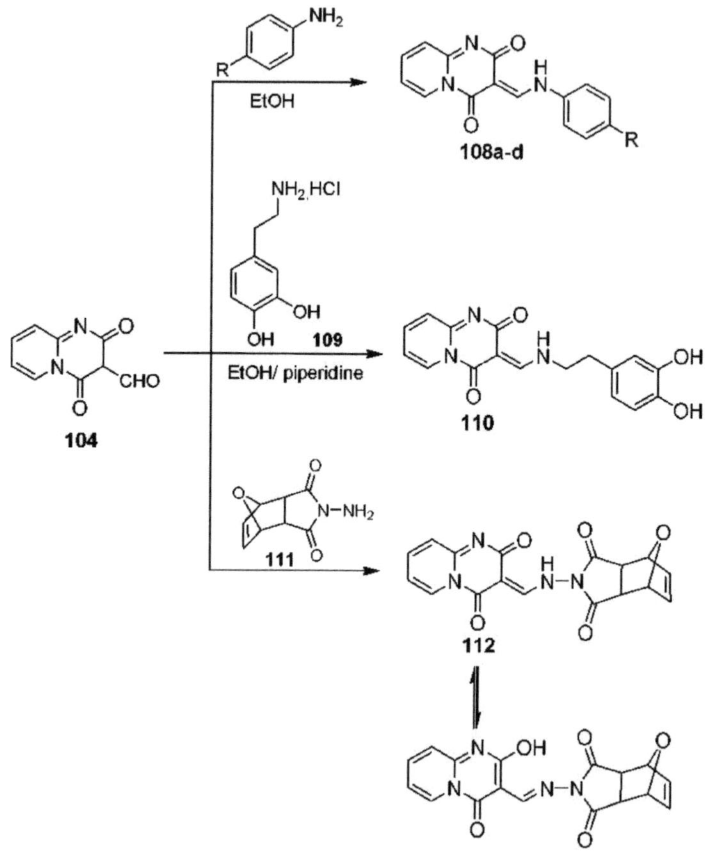

A condensação do aldeído **104** com cloridrato de semicarbazida e tiossemicarbazida conduziu às correspondentes semicarbazona **113a** e tiossemicarbazona **113b**, respetivamente, com rendimentos de 95-96%. Além disso, o aldeído **104** foi sujeito a uma reação com algumas hidrazidas de ácidos alifáticos e aromáticos em etanol absoluto, para dar os correspondentes derivados acílicos ou aroil-hidrazinometilénicos **114a**, **b**, **115** e **116a-d**, em rendimentos de 72-93% [78].

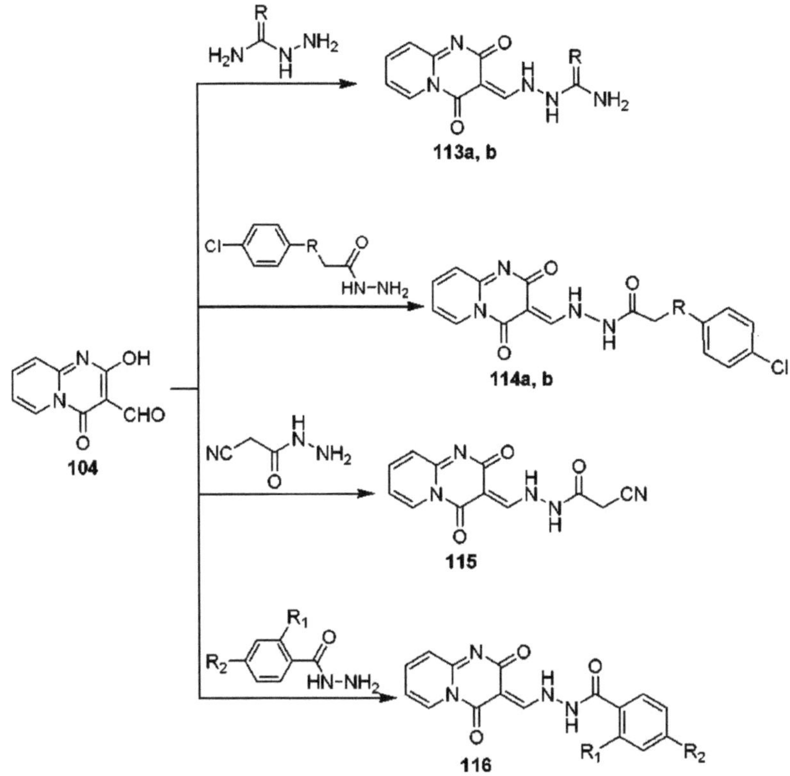

A reação do aldeído **104** com a 4-hirazino-1-metilquinolina-2(*1H*)-ona (**117a**) [79] produziu a hidrazona correspondente **118a**, com um rendimento de 89%. Do mesmo modo, o aldeído **104** reagiu com a 7-cloro-4-hidrazinoquinolina (**117b**) facilmente disponível para dar a hidrazona **118b**. A caraterização das estruturas das hidrazonas interferentes **118a**, **b** revelou a inclusão de um grupo aldeído no processo de condensação. A heterociclização de ambas as hidrazonas **118a** e **118b** foi obtida em ácido acético em ebulição. Esta conversão levou à formação de derivados heterocíclicos tricíclicos: 1- (quinolin-4-il)pirazolo[3,*4-d*]pirido[1,*2-a*]pirimidinonas **119a** e **119b** [78].

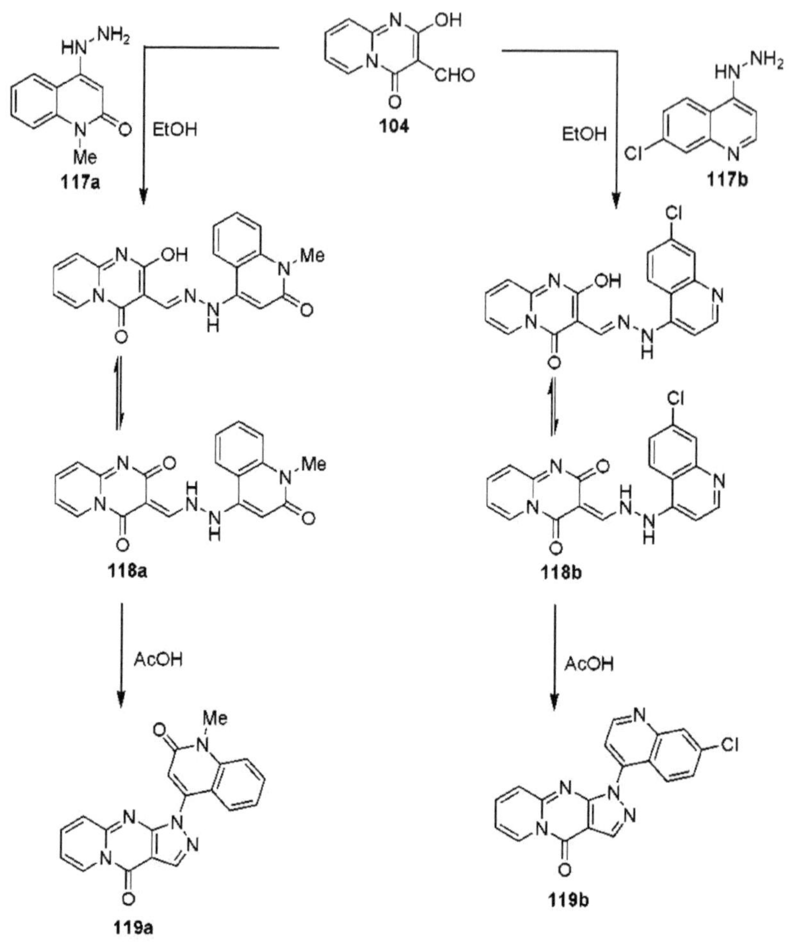

A reação de condensação de Knoevenagel do aldeído **104** e das acetofenonas (R= H, NHAc) foi realizada na presença de piperidina para dar derivados de chalcona **120a** e **120b**. A reação de **120a** com hidrato de hidrazina conduziu à formação de pirazolina **121**. Do mesmo modo, a reação do aldeído **104** com os 3-(1-alquil-4-hidroxi-2-oxo-1,2-di-hidroquinolin-3-il)-3- oxopropanoatos de etilo **122a** e **122b** [80] facilmente disponíveis, na presença de piperidina, deu origem aos correspondentes acrilatos de etilo 2,3-dissubstituídos **123a** (R= Me) e **123b** (R= Et) com rendimentos de 53-56 % [78]. O tratamento dos acrilatos **123a** e **123b** com hidrato de hidrazina em DMF em ebulição deu origem a pirazolinonas 3,4-dissubstituídas **125a** (R= Me) e **125b**

(R=

Et), respetivamente, em vez de **126**. Uma síntese substancial das pirazolinonas **125a** e **125b** foi conseguida *através da* reação de condensação do aldeído **104** com as 1-alquil-4-hidroxi-3-(5-oxo-4,*5-di-hidro-1H-pirazol-3-il*) quinolin-2(*1H*)-onas **124a** e **124b** [81] na presença de acetato de sódio recentemente fundido e ácido acético glacial. Os produtos da reação foram considerados idênticos em todos os aspectos às pirazolinonas **125a** e **125b** [78].

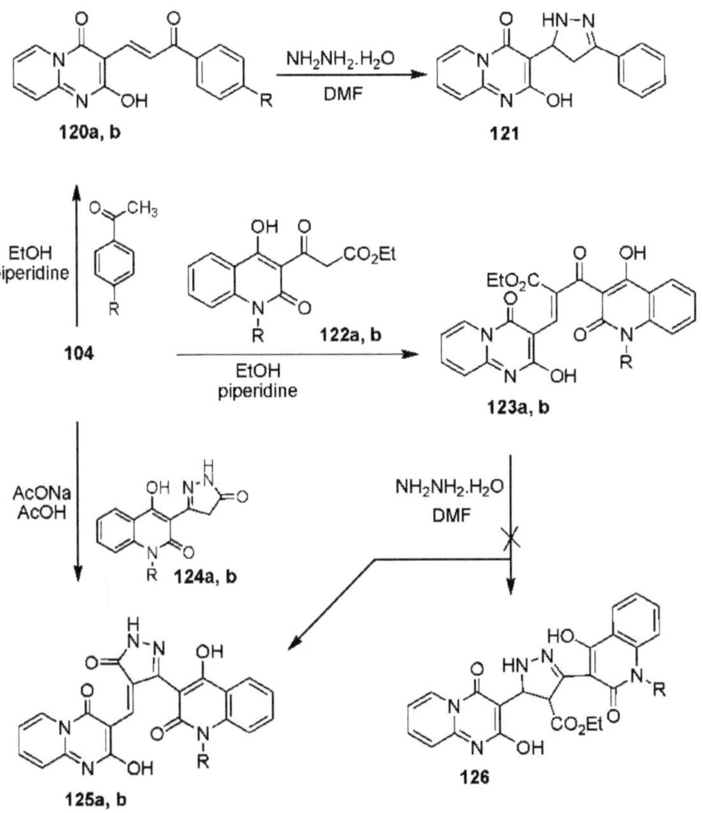

As 1-(Quinolin-3-il)-2-((pirido[1,*2-a*]pirimidin-3-il)metileno)butano-1,3-dionas (**128a, b**) foram obtidas com 56% e 59% de rendimento, respetivamente, *através da* reação de condensação catalisada por piperidina do aldeído **104** com 1-(quinolin-3-

il)butano-1,3- dionas **127a** e **127b**. O derivado butano-1,3-diona **128a** (R= Me) foi sujeito a heterociclização usando hidrato de hidrazina em ácido acético em ebulição para dar pirazol **129**, o composto **129** adopta preferencialmente a forma aromática *1H-pirazol* do que a forma tautomérica 4H-pirazol [78].

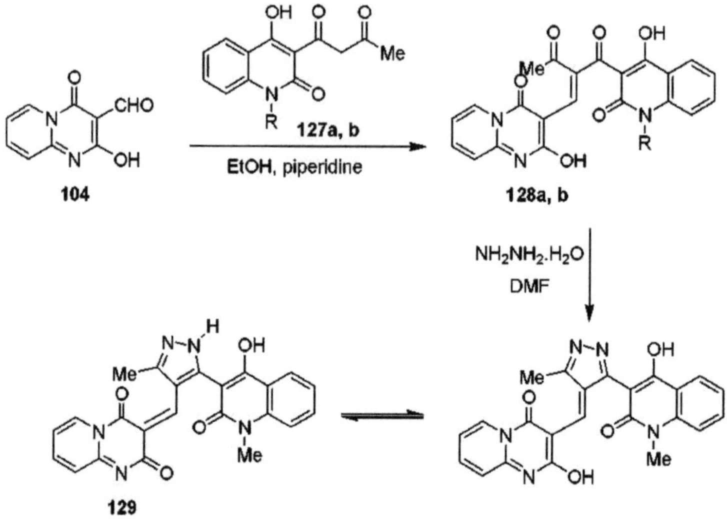

A reação de condensação de Knoevenagel do aldeído **104** com 2-pirazolin-5-onas 130a-d 1,3-dissubstituídas, na presença de acetato de sódio recentemente fundido e ácido acético glacial, conduziu à formação das correspondentes 4-(pirido[1,*2-a*]pirimidina-3-ilmetilideno)pirazolinonas **131a-d**. Do mesmo modo, a reação de condensação do aldeído **104** com a pirazolidina-3,5-diona (**132**), a 2-(fenilimino)-1,3-tiazolidina-4-ona (**134**), os ácidos barbitúricos 136a-d (R1= H, Ph, alilo, R2= O; R1= H, R2= S), e 4- fenil-1,*3-dihidro-2H-1*,5-benzodiazepin-2-ona (**138**) na presença de acetato de sódio e ácido acético glacial, produziram as correspondentes pirazolidinediona **133**, tiazolidinona **135**, pirimidinonas 137a-d e benzodiazepinona **139**, respetivamente [78].

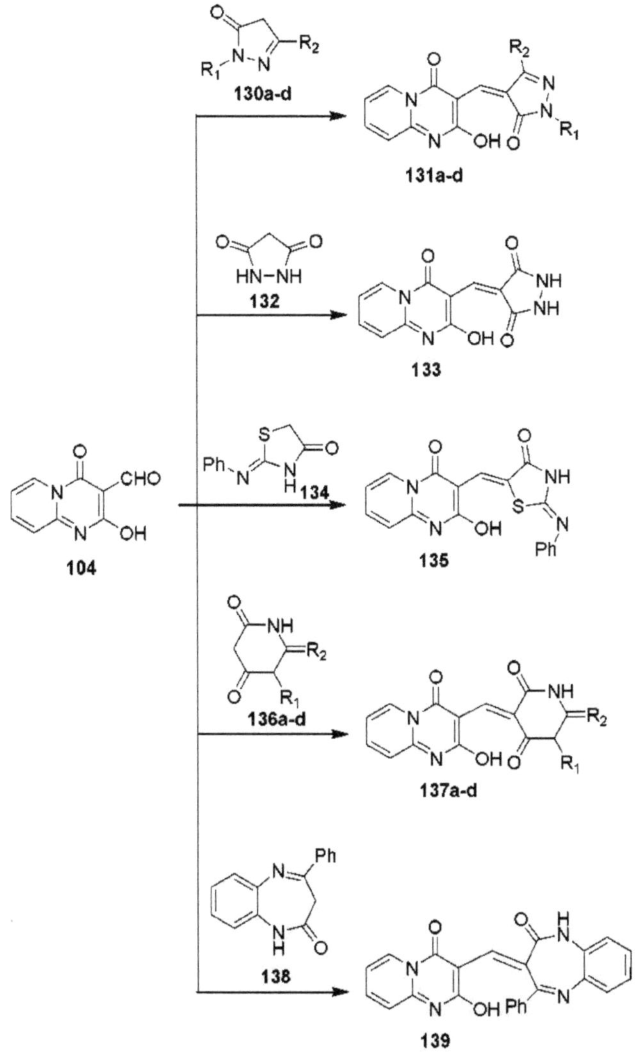

A condensação do aldeído **104** com malononitrilo, malonato de dietilo e/ou cianoacetato de etilo foi efectuada na presença de piperidina para obter os correspondentes 2-(piridopirimidina-3-il)metileno)malonononitrilo **140a**, malonato **140b** e cianoacetato **140c** com bons rendimentos. A posterior ciclização do derivado cianoacetato **140c** por ação do etóxido de sódio deu origem ao pirano[2,*3-d*]pirano[1,2-*a*]pirimidina-3-carbonitrilo (**141**). A conhecida reação em Erlenmeyer dos aldeídos com o ácido acilaminoacético sob a influência do anidrido acético e do acetato de sódio conduz à formação de 4-metileno-oxazolonas. Como limitação deste método, a acetilação ocorre durante o processo no caso dos hidroxialdeídos. Kepe *et al.* [82], descreveram a ciclização de orto-hidroxialdeídos com ácido acilaminoacético durante a síntese de acil-aminopiranonas.

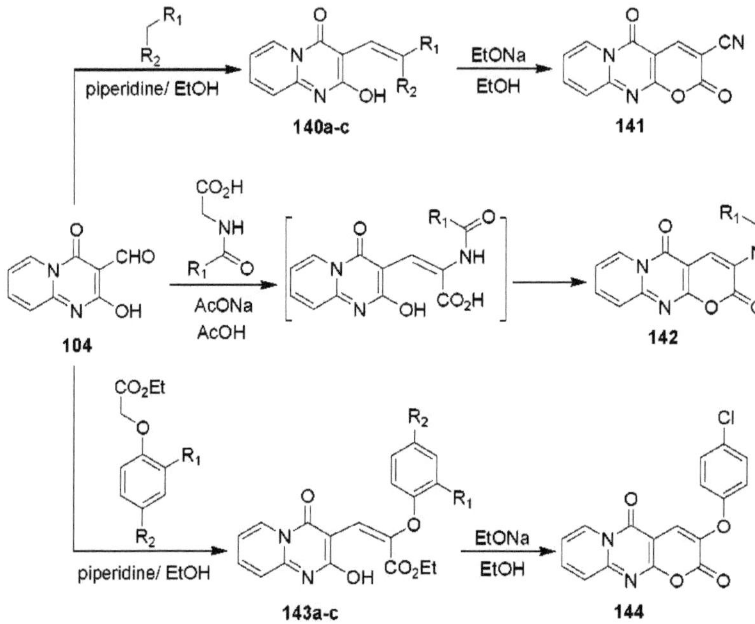

Anteriormente, foi relatado outro desenvolvimento da reação de 4-hidroxi-3-formilquinolin-2-onas com ácido *N-acilaminoacético*, substituindo o anidrido acético por ácido acético glacial na presença de acetato de sódio anidro recentemente fundido [83, 84]. Esta metodologia foi utilizada na reação do aldeído **104** com algum ácido N-acilaminoacético (R_1= Me, Et, Ph) para dar *N*-(pirano[2,*3-d*]pirido[1,2- *a*]pirimidin-3-il)acetamida **142a**, propan-amida **142b**, e benzamida **142c**, respetivamente. Foi observada uma via semelhante para a síntese dos ariloxiacrilatos 143a-c utilizando a reação do aldeído **104** com alguns ariloxiacetatos. A ciclização subsequente do derivado de acrilato **143a** (R_1= H, R_2 = Cl) foi afetada pela utilização de etóxido de sódio para obter 3-(4-clorofenoxi)-*2H,5H-pirano*[2,*3-d*]pirido[1,2- *a*]pirimidina-2,5-diona

(**144**) com um rendimento de 68% [78].

4.11. Reação com compostos de enxofre

A sulfenilação direta de compostos arilo é um tema importante na química orgânica sintética [85, 86]. Os dissulfuretos comportam-se como electrófilos e os compostos aromáticos não activados podem ser sulfenilados utilizando catálise de ácido de Lewis (por exemplo, $SbCl_5/AgSbF_6$) [87]. Os cloretos de sulfenilo (RSCl) [88] podem ser utilizados da mesma forma, bem como *os sulfonatos de R-tio-p-tolueno* (p-tolil-SO_2-SR) [89]. No entanto, esta última reação ocorre melhor com substratos fenólicos em condições básicas [90]. Algumas 3-alquiltio-4-hidroxi-2-pironas são inibidores eficazes da protease do VIH [91-93], e outros derivados 3-alquiltio-4-hidroxi-2-pirimidona apresentam atividade anti-inflamatória [89]. Este facto e a conhecida atividade fungicida e anti-séptica do dissulfiram (Antabus, **145a**) [93] e do tiurame (dissulfureto de tetrametiurame, TMTD, **145b**) [94] motivaram a nossa investigação neste domínio. Os resultados preliminares foram publicados sob a forma de um resumo de conferência [95].

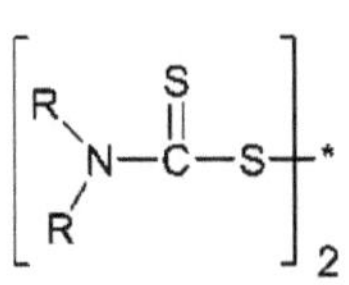

145a, R= Et; **145b**, R= Me

A *malonil-a-aminopiridina* de Tschitschibabin [96] (**1**) é um dos compostos 1,3-dicarbonílicos aromáticos enolizados mais bem estudados. Existe no estado sólido e em solução aquosa numa estrutura tautomérica de betaína [97, 98]. Conseguiu-se a sua reação com dissulfuretos de tiurame e a sua tiolação para as ditioamidas **146**, **147**, enquanto que a sua reação com 1,*2-bis*(2,4,5-triclorofenil) dissulfano conduziu ao sulfureto **148** em 85% de rendimento [99].

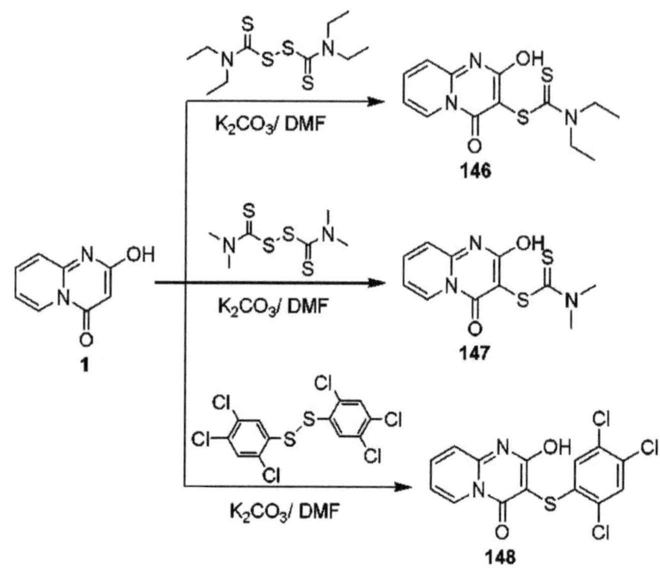

Foi recentemente descrita a hidrogenação catalítica de **1** no hidroxi-pirimidão bicíclico **149** [100]. O tratamento deste composto com difenildissulfureto nas condições habituais permite obter **150** com um rendimento de 93% [99].

4.12. Reação de Mannich

A reação de Mannich do composto **1** com morfolina e formaldeído, após aquecimento, deu origem à correspondente 4-hidroxi-3-(morfolinometil)-3,4-di-hidro-2H-pirido[1,*2-a*]pirimidina-2-ona (**151**) [101].

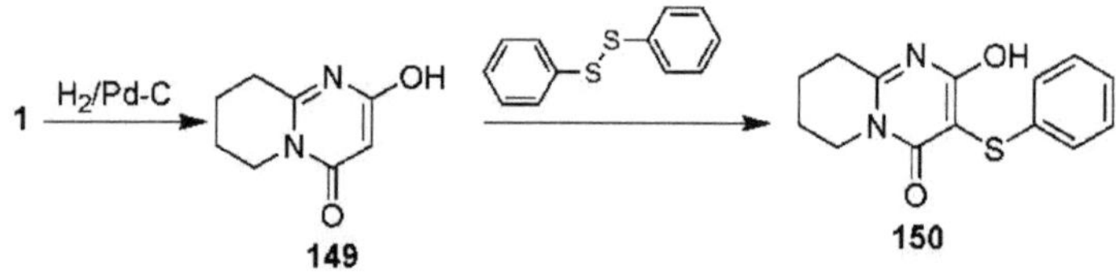

A reação de Mannich de **1** deu o correspondente 3-((dimetilamino) metil)-4-*hidroxi-2H-pirido*[1,*2-a*]pirimidin-2-ona (**152**) que, após quaternização com iodeto de metilo, deu **153**. O tratamento de **153** com cianeto de potássio deu origem ao derivado nitrilo **154** que, após aquecimento em ácido acético, sofreu uma ciclocondensação intramolecular e deu a 2-amino-furo[2,*3-d*]pirido[1,*2-a*]pirimidina-4-ona (**155**). A cicloadição de Diels-Alder de **155** com vários dienófilos deu as correspondentes piridoquinazolinonas **156** [102].

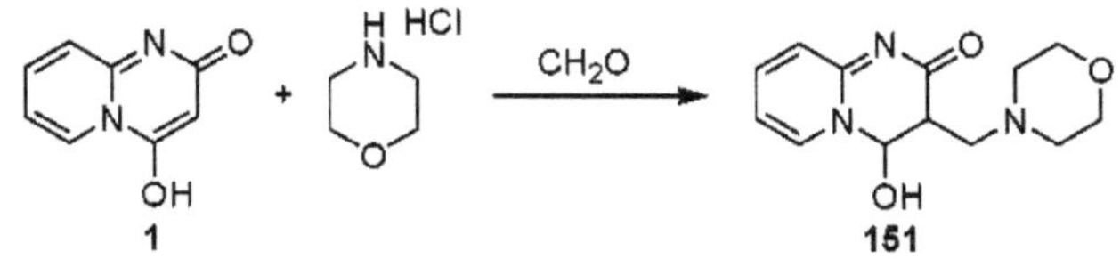

4.13. Aromatização

Durante o processo de aromatização, ocorre a perda de um grupo carbonilo. A reação do composto **1** com oxicloreto de fósforo, seguida de uma reação com hidrato de hidrazina, deu origem à correspondente *2-hidrazinil-4H-pirido*[1,*2-a*]pirimidin-4-ona (**158**), que deu origem à *4H-pirido*[1,*2-a*]pirimidin-4-ona (**160**) após refluxo em ácido acético na presença de sulfato de cobre. Além disso, a reação de 2-cloro-4H-pirido[1,*2-a*]pirimidin-4-ona (**157**) com amoníaco em etanol deu origem a 2-amino-4H-pirido[1,*2-a*]pirimidin-4-ona (**159**) [103].

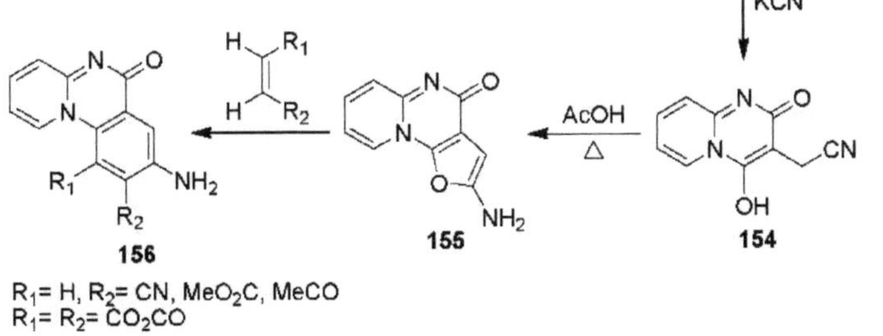

4.14. Hidrogenação

Boekelheide e Figueras [104] relataram a hidrogenação de **1** utilizando platina em etanol para produzir *tetrahidro-1H-pirido*[1,*2-a*]pirimidina-2,4(*3H,6H*)-diona (**161**).

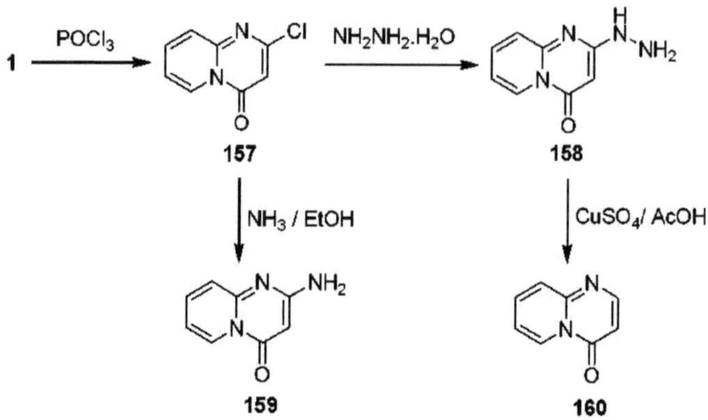

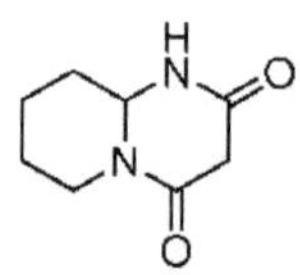

161

A estrutura **162** é indicada pela redução catalítica a um derivado octa-hidro "amina terciária" sem cloro (**163**) que tem as propriedades de uma amina secundária [62].

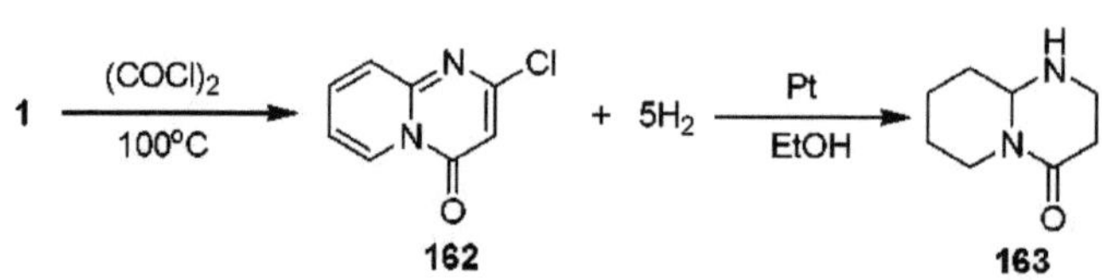

Procedeu-se à hidrogenação específica do composto **1** após redução com hidrogénio, paládio sobre carvão ativado em dimetilformamida para obter a 2-hidroxi-6,7,8,*9-tetra-hidro-4H-pirido*[1,*2-a*]pirimidin-4-ona (**164**) [100].

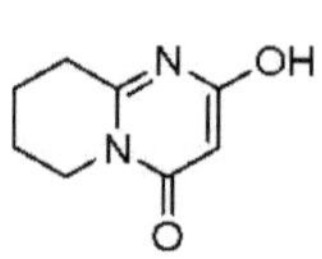

164

Além disso, a hidrogenação do composto **1** utilizando hidrogénio e Pd/C em dimetilformamida, seguida de reação com derivados halogenados em tolueno em refluxo, catalisada por trietilamina, permitiu obter derivados benzoatos de 4-oxo-6,7,8,9-tetra-hidro-4H-pirido[1,2- *a*]pirimidin-2-ilo **165a-d** [100].

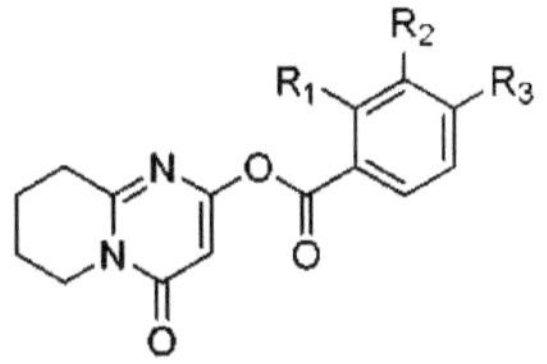

165a, R_1= CH_3, R_2= OCH_3, R_3= SO_2CH_3

165b, R_1= R_3= Cl, R_2= H

165c, R_1= Br, R_2= R_3= H

165d, R_1= Cl, R_2= R_3= H

CAPÍTULO 5: APLICAÇÕES DAS PIRIDO [1,*2-a*]pirimidinas

5. Aplicações das pirido[1,*2-a*]pirimidinas

As *2H-pirido*[1,*2-a*]pirimidin-2-onas foram aplicadas em tiras de teste para a determinação da bilirrubina em fluidos corporais [105], enquanto elas e os seus derivados 3,4-di-hidro serviram como agentes de endurecimento e inibidores da degradação pós-endurecimento em materiais fotográficos de halogeneto de prata [106]. As *2H-pirido*[1,*2-a*]pirimidina-2-onas também foram utilizadas em composições sensíveis à luz e de funcionamento positivo [107].

A 3,*4-Dihidro-2H-pirido*[1,*2-a*]pirimidin-2-ona **167**, um aceitador neutro de cloreto de hidrogénio, demonstrou dar melhores rendimentos em tio- e selenolactonizações regio- e estereoespecíficas dos ácidos hept-4-inoico e hex-4-inoico **166** com cloretos de benzenossulfenilo e benzenosselenilo do que a trietilamina [108]. No caso da dihidropirido[1,*2-a*] pirimidinona **167**, os produtos não ciclizados **169** e **170** formaram-se apenas em quantidades vestigiais.

O ciclo-hexanocarboxilato de benzilo foi preparado com um rendimento de 46% quando uma solução de álcool benzílico e ácido ciclo-hexanocarboxílico em diclorometano foi tratada com 1,2 equivalentes do sal de Appel **171** na presença de 2 equivalentes de 3,*4-di-hidro-2H-pirido*[1,*2-a*]pirimidin-2-ona **167** a -78°C e aquecida à temperatura ambiente [109]. É possível obter um melhor rendimento (81%) se a 2,6-lutidina for utilizada como base em vez da 3,*4-di-hidro-2H-pirido*[1,*2-a*]pirimidin-2-ona **167**.

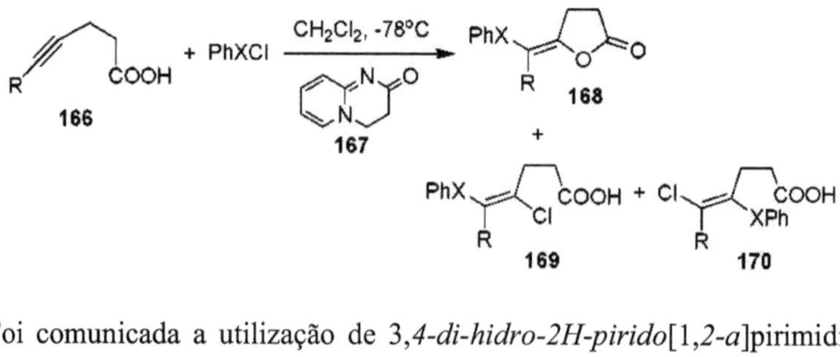

Foi comunicada a utilização de 3,*4-di-hidro-2H-pirido*[1,*2-a*]pirimidin-2-ona

(**167**) e dos seus derivados alquílicos em tiras de papel de teste para a deteção de bilirrubina em fluidos corporais, especialmente na urina [110].

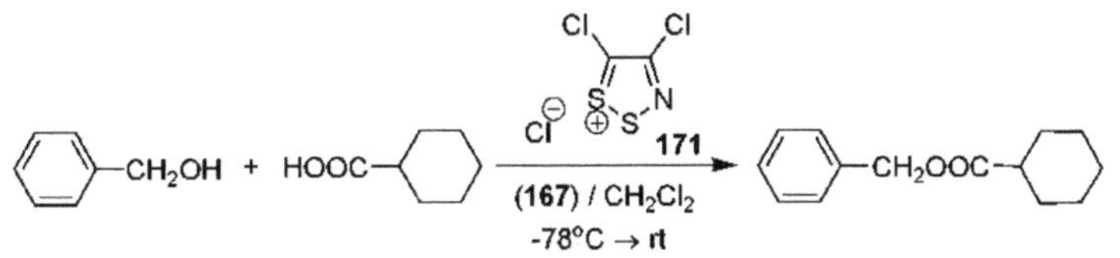

A 9-metil-3,*4-di-hidro-2H-pirido*[1,*2-a*]pirimidina-2-ona é utilizada na derivatização fluorescente (quiral) de ácidos carboxílicos em HPLC com diferentes 2H-benzotriazóis substituídos **172** na presença de tetrafluoroborato de 2-bromo-1-etilpiridínio à temperatura ambiente [111, 112]. Este método sensível revelou-se útil para a determinação de ácidos carboxílicos (por exemplo, ibuprofeno) em pequenas quantidades de amostras biológicas [113].

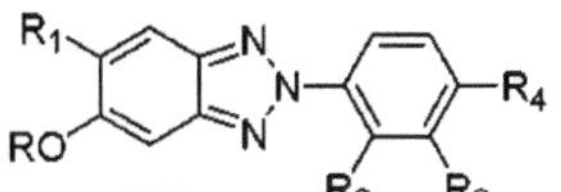

172

R= Me, R_1= OMe, R_2= R_3= R_4= H

R= R_1= CH_2O, R_2= R_3= H, R_4= $(CH_2)nNH_2$; n= 1, 2

R= Me, R_1= MeHN, R_2= R_3= $(CH{=}CH)_2$, R_4= (*S*)-(-)CH(NH_2)Me

A 3,*4-Dihidro-2H-pirido*[1,*2-a*]pirimidina-2-ona **167** foi também utilizada na preparação de sensibilizadores fotográficos binários como um aceitador não básico de halogenetos de hidrogénio [113].

Os representantes de destaque das *4H-pirido*[1,*2-a*]pirimidin-4-onas foram investigados em diferentes sistemas farmacológicos e bioquímicos. Algumas delas foram introduzidas na terapêutica, enquanto outras se encontram atualmente em investigação clínica. Juntamente com outros fármacos administrados por via oral, a nitrosabilidade do rimazólio **173** foi investigada a pH constante e em condições estomacais simuladas [114, 115]. O perfil analgésico do rimazólio foi comparado com o de diferentes classes de analgésicos [116], e os efeitos analgésicos, antiinflamatórios e gastrointestinais do rimazólio, morfina e indometacina foram investigados e comparados [117-119]. Foi demonstrado que o rimazólio aumenta a atividade analgésica do tranquilizante gidifeno [120]. Foi relatado que os efeitos secundários da indometacina são significativamente reduzidos pela coadministração de rimazólio em ratos [121]. A sua combinação atrasa o aparecimento do máximo sérico e a eliminação da indometacina do sangue [122]. Os efeitos secundários desfavoráveis da indometacina também foram atenuados nos seres humanos [123]. Foram efectuadas investigações das interações metabólicas do rimazólio com a etilmorfina e a etoxicumarina utilizando homogenato de fígado de rato [124, 125]. Foi desenvolvido um método para medir a cor do rimazólio em soluções injectáveis durante o processo de fabrico [126].

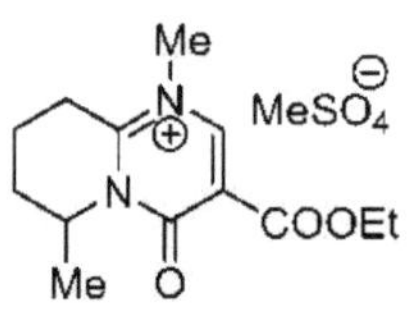

173
RIMAZOLIUM

Os efeitos do antiaterosclerótico acitemat **174** foram investigados em diferentes modelos *in vitro* e *in vivo* [127]. O Pemirolast **175** foi introduzido no mercado japonês como um inibidor da libertação de mediadores antialérgicos e antiasmáticos ativo por via oral [128]. Os seus efeitos antialérgicos foram investigados em diferentes modelos animais [129] e em leucócitos humanos e fragmentos de pulmão [130]. Foram também estudados os efeitos inibitórios do pemirolast na libertação de histamina e leucotrieno D4, B4 e na produção do fator de ativação plaquetária [131]. A farmacologia geral do pemirolast foi estudada *in vivo* e *in vitro* [132]. A sua toxicidade subaguda [133] e a sua toxicidade crónica [134] em cães foram investigadas e comunicadas. Foram também comunicados estudos perinatais, pós-natais e de fertilidade do pemirolast [135]. A mutagenicidade do pemirolast foi avaliada utilizando os testes de reversão bacteriana e de aberração cromossómica *in vitro* [136]. A sua teratogenicidade foi estudada em ratos [137] e em coelhos [138]. O destino metabólico do^{14} C-pemirolast foi investigado em ratos [139]. A farmacocinética do pemirolast foi estudada em cães

[140] e em seres humanos [141]. Foi demonstrado que a ligação plasmática *in vitro* do pemirolast ao plasma de ratos, cães e humanos é independente da sua concentração [142].

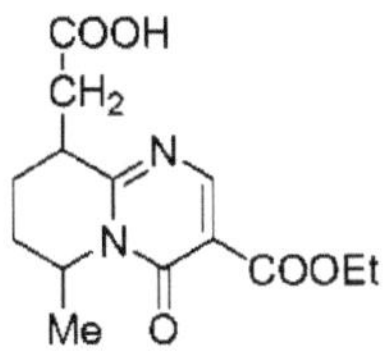

174
ACITENAT
Chinoin-123

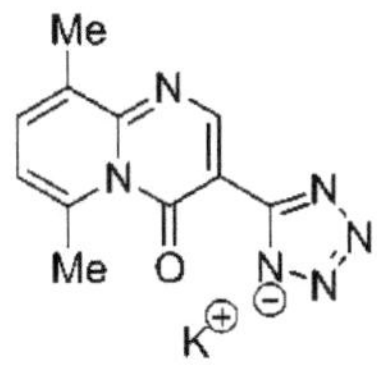

175
PEMIROLAST
TBX
BMY-26617

A partir de amostras de sangue e urina de cães e humanos, foram isolados os derivados 9-hidroximetil e glucuronil e glucopiranosil **176** e **177**, juntamente com o pemirolast **175** inalterado [143]. O mecanismo de ação do pemirolast foi também investigado [144]. A eficácia clínica do pemirolast também foi registada [145]. Foi comunicada a preparação de gotas nasais e oculares, pomadas e cremes antialérgicos de pemirolast, bem como a combinação de pemirolast com um medicamento anti-inflamatório numa preparação de libertação prolongada [146]. Foi publicado um estudo toxicológico do pemirolast colírio em coelhos [147]. A bioequivalência entre comprimidos e xarope seco contendo pemirolast foi investigada em seres humanos [148].

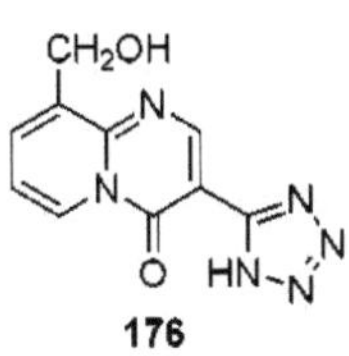

176

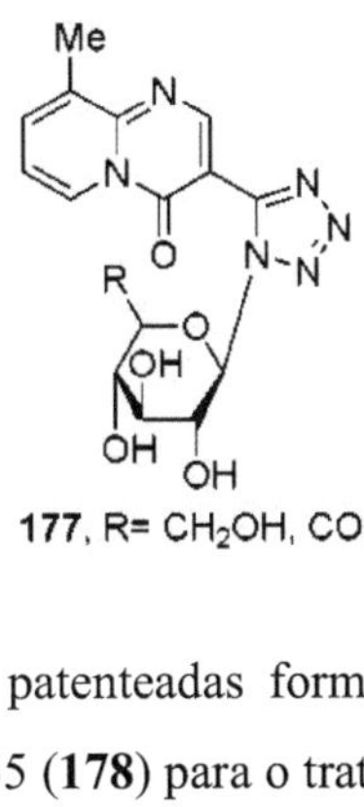

177, R= CH_2OH, COOH

Foram desenvolvidas e patenteadas formulações em aerossol [149] e gotas nasais e oculares [150] de AS-35 (**178**) para o tratamento de perturbações alérgicas. O

AS-35 foi reivindicado como componente de uma combinação que contém um antagonista PAF e um antagonista LTD [151]. As actividades antialérgicas e o perfil farmacológico do AS-35 foram também investigados [152]. As actividades antagonistas do péptido leucotrieno do AS-35 foram investigadas *in vitro* e *in vivo* [153]. Foram também patenteadas diferentes formulações e aplicações do AS-35 e dos seus derivados como agentes anti-inflamatórios [154]. Além disso, o AS-35 (**178**) foi patenteado como remédio para doenças inflamatórias intestinais [155] e como composição antialérgica oral, juntamente com os seus homólogos e derivados do ácido 3-carboxílico [154]. Foi demonstrado que o pré-tratamento com o anti-inflamatório Chinoin-127 (**179**) restaura o equilíbrio PGI2/TXA2 perturbado da mucosa gástrica em ratos tratados com indometacina [156]. A Chinoin- 127 não apresentou uma atividade agonista opióide significativa em diferentes testes [157]. Foi investigada a influência da formulação na reabsorção da Chinoin-127 das pomadas [158]. O seu metabolismo foi investigado em ratos e cães [159]. Foram investigados os efeitos da Chinoin-105 (**180**) e da Chinoin-127 (**179**) nas reacções imunológicas [160]. Os efeitos gastroprotectores e o mecanismo de ação do rimazolium (**173**), do pemirolast (**175**), da Chinoin-105 (**180**) e do seu derivado *N'*-tert-butil, e da Chinoin-127 (**179**) foram estudados em ratos [161]. Foram comunicadas as actividades citoprotectoras de 4-oxo-4H-pirido[1,*2-a*]pirimidina-3-carboxamidas *N-substituídas* [162], tendo sido também estudada a relação estrutura-atividade. As actividades broncoespasmolíticas de 2,3-*dialquil-4H-pirido*[1,*2-a*] pirimidina-Cones e os seus derivados tetra-hidro contra espasmos induzidos por serotonina, histamina e acetilcolina foram determinados no teste Konzett-Roessler da cobaia [163].

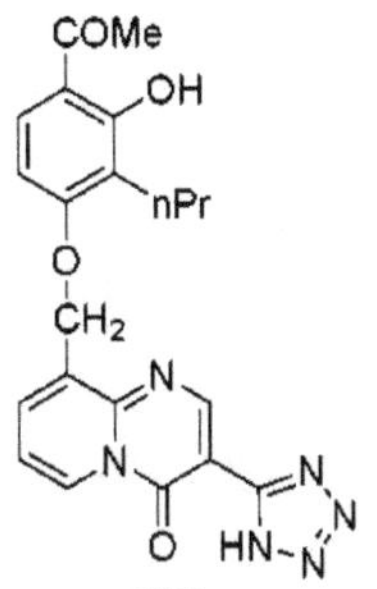

178
AS-53

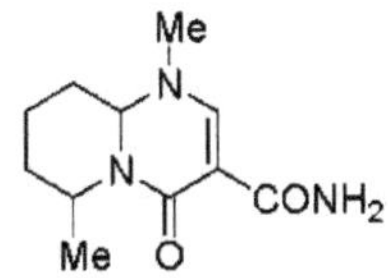

179

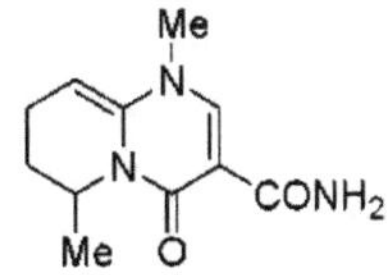

180

Entre os ácidos antialérgicos 4-oxo-6,7,8,9-tetrahidro-4H-pirido[1,2-*a*]pirimidina-3-carboxílicos 9-substituídos [164], o Chinoin-1045 (**181**) opticamente ativo foi um dos derivados mais activos; foi mais potente do que o cromoglicato de sódio e também foi ativo por via oral [165].

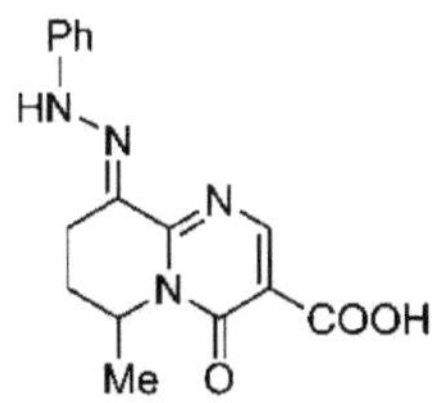

Chinoin-1045
Ucb L 140
181

CAPÍTULO 6: REFERÊNCIAS

[1] Berthelot M. (1859) Report Chem Aplique 1:284

[2] Mamouni R., Akssira A. M., Aadil M., Elhakmaoui A., Lasri J, Zaballos-Garcia E (2003). Synth Commun 33: 4259-4264

[3] David W., Nelson J. M., Slintak V., Paul R. K., Gordon W. R., William A. D., Hairong Z, Alexander JB (1997). Biochem Pharmacol 54, 877-887.

[4] Mihailo B, Iva T, Zrinka I, Sanja T, Jerka D (2009). Food Technol Biotechnol 47:236-245

[5] Miller JR, Dunham S, Mochalkin I, Banotai C, Bowman M, Buist S, Dunkle B, Hanna D, Harwood JH, Huband MD, Karnovsky A, Kuhn M, Limberakis C, Liu JY, Mehrens S, Mueller WT, Narasimhan L, Ogden A, Ohren J, Prasad JVNV, Shelly JA, Skerlos L, Sulavik M, Thomas VH, VanderRoest S, Wang L, Wang Z, Whitton A, Zhu T, Stover CK (2009). PNAS 106:1737-1742

[6] Sayed RA, Shamroukh HA, Awad H (2005). Phosphorus Sulfur Silicon Relat Elem 180:2767-2777

[7] Cockerill S, Stubberfield C, Stables J, Carter M, Guntrip S, Smith K, McKeown S, Shaw R, Topley P, Thomsen L, Affleck K, Jowett A, Hayes D, Willson M, Woollard P, Spaldin D (2001). Bioorg Med Chem Lett 11:14011405

[8] Gfesser GA, Bayburt EK, Cowart M, DiDomenico S, Gomtsyan A, Lee CH, Stewart AO, Jarvis MF, Kowaluk EA, Bhagwat SS (2003) Eur J Med Chem 38:245-252

[9] Cowart M, Lee CH, Gfesser GA, Bayburt EK, Bhagwat SS, Stewart AO, Yu H, Kohlhaas KL, McGaraughty S, Wismer CT, Mikusa J, Zhu C, Alexander KM, Jarvis MF, Kowaluk EA (2001). Bioorg Med Chem Lett 11:83-86

[10] Wu Z, Hartnett JC, Neilson LA, Robinson RG, Fu S, Barnett SF, Defeo-Jones D, Jones RE, Kral AM, Huber HE, Hartmana GD, Bilodeau MT (2008). Bioorg Med Chem Lett 18:1274-1279

[11] Hermecz, I., & Meszaros, Z. (1988). Medicinal Research Reviews, 8, 203230.

[12] Ferrarini, P. L., Mori, C., Armani, G., & Rossi, L. (1995). Il Farmaco, 50, 6972.

[13] Belicova, A., Seman, M., Milata, V., Ilavsk, D., & Ebringer,L. (1997). Folia Microbiologica, 42, 193-198.

[14] O'Mahony, M. J., West, P. J., Lindell, S. D., & Macritchie, J. A. (1997). Patente britânica n.º GB2307177. Newport, South Wales, Reino Unido: British Patent Office.

[15] Dominguez, J., Charris, J., Iarrusso, L., Lopez, S., Lobo, G., & Riggione, F. (1996). Il Farmaco, 51, 781-784.

[16] Matsuishi, N., Amano, M., Nakagawa, Y., Kakehi, N., Kawashima, T., & Omura, S. (1987). Pedido de Patente Europeia n.º EP0242230. Munique, Alemanha: Instituto Europeu de Patentes.

[17] Janssen, C. G. M., Knaeps, A. G., Kennis, L. E. J., & Vandenberk, J. (1990). Pedido de Patente Europeia n.º EP0368388. Munique, Alemanha: Instituto Europeu de Patentes.

[18] La Motta, C., Sartini, S., Mugnaini, L., Simorini, F., Taliani, S., Salerno, S., Marini, A. M., Da Settimo, F., Lavecchia, A., Novellino, E., Cantore, M., Failli, P., & Ciuffi, M. (2007). Journal of Medicinal Chemistry, 50, 49174927.

[19] Matsutani, S., Mizushima, Y., & Doteuchi, M. (1987). Pedido de patente europeia n.º EP0218423. Munique, Alemanha: Instituto Europeu de Patentes.

[20] Kapui, Z., Varga, M., Urban-Szab , K., Mikus, E., Szab , T., Szeredi, J., BJtori, S., Finance, O., & Aranyi, P. (2003). Journal of Pharmacology and Experimental Therapeutics, 305, 451-459.

[21] Ingalls, E. A., & Popp, F. D. (1967). Journal of Heterocyclic Chemistry, 4, 523-526.

[22] Tschitschibabin, A. E. Ber Dtsch Chem Ges 1924, 57, 1168.

[23] Snyder, H. R.; Robison, M. M. J Am Chem Soc 1952, 74, 4910.

[24] Katritzky, A. R.; Waring, A. J. J Chem Soc 1962, 1544.

[25] Schulte, W. Arch Pharm 1985, 291, 298.

[26] Schober, B. D.; Kappe, Th. J Heterocycl Chem 1988, 25, 1231.

[27] Ferrarini, P. L.; Mori, C.; Armani, G.; Rossi, L. Farmaco 1995, 50, 69.

[28] Sano, A.; Ishibara, M.; Yoshihara, J.; Sumino, N.; Nawa, H. Chem Pharm Bull

1995, 43, 683.

[29] Belicova, A.; Semon, M.; Milata, V.; Liavsky, D.; Ebringer, L. Folia Microbial Prague 1997, 42, 193; Chem Abstr 1997, 127, 63024x.

[30] Claremon, D. A.; McCauley, J. A.; Liverton, N. H.; Theberge, C. R. US Patent 2002, 214,654; Chem Abstr 2002, 136, 69819.

[31] Roma, G.; Braccio, M. D.; Leoncini, G.; Aprile, B. Farmaco 1993, 48, 1225; Roma, G.; Cinone, N.; Braccio, M. D.; Grossi, G.; Leoncini, G.; Singnorelleo, M. G.; Carotti, A. Bioorg Med Chem 2000, 8, 751; Roma, G.; Cinone, N.; Braccio, M. D.; Grossi, G.; Leoncini, G.; Singnorelleo, M. G.; Carotti, A. Bioorg Med Chem 2001, 9, 55.

[32] M. Shur, S. S. Israelstam, J. Org. Chem., 1968, 33 (8), pp 3015-3020.

[33] H. Sterk, P. Tritthart e E. Ziegler, Monatshefte fur Chemie, 1971, 102 (4), 1090-1095.

[34] Dunn, A. D.; Norrie, R., Zeitschrift Chem. (Estugarda, Alemanha); vol. 30; nb. 3; (1990); p. 98 - 99.

[35] H. Antaki, J. Org. Chem., 1962, 27 (4), pp 1371-1374.

[36] Gullu, Mustafa; Razack, Liaquat A.; Utley, James H. P.; King, Ronald J.; White, G. Ray, Tetrahedron; vol. 47; nb. 415; (1991); p. 675-684.

[37] Abdul Rauf, Sumaira Liaqat, Ashfaq M. Qureshi, Muhammad Yaqub, Aziz U. Rehman, Mahmood U. Hassan, Zahid H. Chohan, Faiz U. H. Nasim, T. Ben Hadda, Med Chem Res, 2010.

[38] Lappin, G. R.; Petersen, Q. R.; Wheeler, C. E. J Org Chem 1950, 15, 377.

[39] Shur, M.; Israeltam, S. S. J Org Chem 1968, 33, 3015.

[40] Mohamed, E. A.; Abdel-Rahman, R. M.; El-Gendy, Z.; Ismail, M. M. An Quim Spain 1993, 89, 246.

[41] N. N. Zolotov, K. Yu. Zalilov, S. V. Nikitin, S. B. Gashev, L. D. Smirnov, e K. M. Dyumaev, Zh. Anal. Khim. 45,502 (1990) [CA 113, 37239 (1990)].

[42] M. I. Leon Palomino, B. E. Zaitsev, S. B. Gashev, S. V. Nikitin, L. D. Smirnov, and 0. V. Kovalkhukova, Khim. Geterotsikl. Soedin., 1381 (1991).

[43] S. B. Gashev, S. V. Nikitin, and L. D. Smirnov, Khim. Geterotsikl. Soedin., 1288

(1988).
[44] M. I. Leon Palomino, B. E. Zaitsev, S. B. Gashev, S. V. Nikitin, L. D. Smirnov, and 0. V. Kovalkhukova, Khim. Geterotsikl. Soedin., 1381 (1991).
[45] E. A. Zvezdina, M. P. Zhdanova, and I. I. Giryavenko, Khim. Geterotsikl. Soedin., 893 (1983).
[46] F. Dennin, D. Blondeau, and H. Sliwa, Tetrahedron Lett. 32, 4307 (1991).
[47] A. E. Frissen, G . Geurtsen, A. T. M. Marcelis, e H. C. Van der Plas, Tetrahedron 46, 595 (1990).
[48] H. Wamhoff, H. Wintersohl, S. Stoelben, J. Paasch, N. J. Zhun, e F. Guo, Liebigs Ann. Chem. 901 (1990)
[49] R. W. Alder, P. Eastment, R. E. Moss, R. B. Sessions, e M. A. Stringfellow, Tetrahedron Leu. 23, 4181 (1982).
[50] R. W. Alder, E. Heilbronner, E. Honegger, A. B. McEwen, R. E. Moss, E. Olefirowich, P. E. Petillo, R. B. Sessions, G. R. Weisman, J. M. White e Y. Z. Yang, J . Am. Chem. SOC. 115, 6580 (1993).
[51] K. Takahashi, Jpn. Kokai 87/209,078 (1987) [CA 109, 93040(1988)].
[52] R. Troschiitz, A. Lucke, e H. Mertens, Arch. Pharm. (Weinheirn, Ger.) 326, 335 (1993).
[53] H. Mohrle e B. Schmidt, Arch. Pharm. (Weinheim, Ger.) 315, 1032 (1982).
[54] H. Moehrle e J. Lessel, Arch. Pharm. (Weinheim, Ger.) 325, 23 (1992).
[55] H. Moehrle, J. Lessen, J. Kurz, e P. Schmitt, Arch. Pharm. (Weinheim Ger.) 325, 177 (1992).
[56] V. K. Brel, E. V. Abrarnkin, A. N. Chekhlov, e I. V. Martynov, Dokl. Akad. Nauk SSSR 312,619 (1990).
[57] V. K. Brel e E. V. Abramkin, Izv. Akad. Nauk SSSR, Ser. Khim., 473 (1991).
[58] A. E. Chichibabin, Ber., 57, 1168 (1924).
[59] A. E. Chichibabin J. Russ. Phys. Chem. Soc., 57, 399 (1926).
[60] G. B. Crippa, B. Scevols, Gazz. Chim. Ital., 67, 327 (1937).
[61] G. B. Crippa e R. Scevola, Gazz. Chim. Ital., 67, 327, 1937.
[62] Snyder, H. R.; Robinson, M. M., J. Am. Chem. Soc., 74, 1952, 4910.

[63] Fadda, A. A.; Elagizy, S. A., Indian J. Textile Res., 14(4), 177-83 (1989); Chem. Abstr. 1990, 113, 25531.

[64] Kato, T.; Masuda, S., Chem. Pharm. Bull, 22 (1974) 1542.

[65] Abass, Mohamed; Mayas, Aisha S., Heteroatom Chem. vol. 18; nb. 1; (2007); p. 19 - 27.

[66] Wang, J.-X.; Zhang, Y.; Huang, D.; Hu, Y. J Chem Research (S) 1998, 216217.

[67] Ferrarini, P. L.; Mori, C.; Badawneh, M.; Calderone, V.; Greco, R.; Manera, C.; Martinelli, A.; Nieri, P.; Sacomanni, G. Eur J Med Chem 2000, 35, 815826.

[68] Xenon Pharmaceuticals Inc. Patente: US2008/194616, (2008), (A1).

[69] Hlasta, D. J.; Ackerman, J. H.; Court, J. J.; Farrell, R. P.; Johnson, J. A.; Kofron, J. L.; Robinson, D. T.; Talomie, T. G. J. Med. Chem.; vol. 38; nb. 23; (1995); p. 4687 - 4692.

[70] Kappe, Thomas; Schnell, Barbara, J. Heterocycl. Chem.; 33; nb. 3; (1996); p. 663 - 670

[71] Plueg, C.; Frank, W.; Wentrup, C., J. Chem. Soc., Perkin Trans. 2: Physical Org. Chem. (1972-1999); nb. 6; (1999); p. 1087 - 1094.

[72] Mohamed, E. A.; Ismail, M. M.; Gabr, Y.; Abass, M. J Serb Chem Soc 1993, 58, 737-743.

[73] Mohamed, E. A.; Gabr, Y.; Ismail, M. M.; Abass, M. An Quim Spain 1995, 91, 579.

[74] Laschober, R.; Stadlbauer, W. Liebigs Ann Chem 1990, 1083.

[75] Dunn, Allan D.; Norrie, Robert, Zeitschrift fuer Chemie (Estugarda, Alemanha); vol. 30; nb. 3; (1990); p. 98 - 99.

[76] Abass, Mohamed; Mayas, Aisha S. J. Chem. Res., Synop., nb. 2; (2009); p. 93 - 94.

[77] Badawy, D S, Indian J. Chem, Sect. B: Org. Chem. Incluindo Med. Chem., vol. 30; nb. 9; (1991); p. 839 - 842.

[78] M. Abass, M. M. Ismail, W. R. Abdel-Monem, A. S. Mayas, Chem. Paper 64 (1) 72-83 (2010).

[79] Abass, M. (2000). Synthetic Communications, 30, 2735-2757.

[80] Ibrahim, S. S., Abdel-Halim, A. M., Ismail, M. M., & Othman, E. S. (1994). Indian Journal of Heterocyclic Chemistry, 4, 125-130.

[81] Abass, M., & Othman, E. S. (2001). Synth. Commun., 31, 3361-3376.

[82] Kepe, V., Kocevar, M., & Polanc, S. (1996). Journal of Heterocyclic Química, 33, 1707-1710.

[83] Abass, M., & Ismail, M. M. (2000). Chem. Pap., 54, 187-195.

[84] Ismail, M. M., Abdel-Halim, A., & Abass, M. (1997). J. Ser. Chem. Soc.,62, 977-986.

[85] Rayner CM (1994) Contemp Org Synthesis (Royal Society London), vol 1, pp 191-204 (revisão)

[86] Kita Y, Takada T, Mihara S, Whelan BA, Tohma H (1995) J Org Chem 60: 7144

[87] Mukaiyama T, Suzuki K (1993) Chem Lett 1

[88] Feuer A, Severin T (1993) Tetrahedron Lett 34: 2103

[89] Kaminski JJ, Solomon DM, Conn DJ, Wong S-C, Chiu PS, Massa T, Siegel MI, Whatnik AS (1989) J Med Chem 32: 1118

[90] Prasad JVNV, Lunney EA, Ferguson D, Tummino PJ, Rubin JR, Reyner EL, Stewart BH, Guttendorf RJ, Domagala JM, Suvorov LI, Gulnik SV, Topol IA, Bhat TN, Erickson JW (1995) J Am Chem Soc 117: 11070

[91] Ramirez MI, Garey D, Pena MR (1995) J Heterocyclic Chem 32: 1657

[92] Para KS, Ellsworth EL, Prasad JVNV (1994) J Heterocyclic Chem 31: 1619

[93] The Merck Index (1996) 12th edn, Merck & Co Inc, Whitehouse Station, NJ, No 3428, p 3426

[94] The Merck Index (1996) 12th edn, Merck & Co Inc, Whitehouse Station, NJ, No 9510, p 9513

[95] Kappe T, Schnell B, Georgieva K, Jocham B, Mayrhofer AE, Nikam BP, Issac Y, Langhans K (1994) Phosphorus, Sulfur and Silicon 95/96: 349-350

[96] Tschitschibabin AE (1924) Ber Dtsch Chem Ges 57: 1168

[97] Katritzky AR,Waring AJ (1962) J Chem Soc (Londres) 1544; Katritzky AR, Popp FD,Waring AJ (1966) J Chem Soc (Londres) B 565

[98] Kappe T (1984) Lect Heterocyclic Chem 7: 107

[99] Schnell, Barbara; Kappe, Thomas, Monat. Chem.; vol. 130; nb. 9; (1999); p. 1147-1158.

[100] Kappe T, Schnell B (1996) J Heterocyclic Chem 33: 663

[101] Ziegler, E.; Kiesewetter, E., Monat. Chem.; vol. 96; (1965); p. 659 - 668.

[102] Badawy, D. S., Mansoura Sci. Bull, 31(1), 215-226 (2004); Chem. Abstr. 2004, 143, 226880.

[103] Oakes; Rydon, J. Chem. Soc., 1958, 209.

[104] V. Boekelheide, J. Figueras, J. Am. Chem. Soc., 71 (1949) 2587.

[105] T. Abe, H. Wada, and Y. Kosaka, Jpn. Kokai 92/188,068 (1992); [CA 117, 229603 (1992)].

[106] Fuji Photo Film Co., Ltd., Jpn. Kokai 81/01,043 (1981) [CA 95, 52620 (1981)].

[107] A. Umehara, S. Kondo, and T. Yamaoka, Ger. Pat. 4,124,426 (1992) [CA 116, 245290 (1992)].

[108] T. Tom, S. Fujita, M. Saito, e E. Maekawa, J. Chem. Soc. Perkin 1, 999 (1986).

[109] J. J. Folrner e S. M. Weinreb, Tefrahedron Lett. 34, 2737 (1993).

[110] Eikein Chemical Co., Ltd., Jpn. Kokai 83/18,168 (1983); [CA 98, 157460 (1983)].

[111] S. Narita e T. Kitagawa, Anal. Sci. 5, 31 (1989).

[112] K. Gyires, I. Hermecz, and J. Knoll, Ata Physiol. Hung. 73, 149 (1989) [CA 112, 111829 (1990)].

[113] L. C. Vishwakarma and C. H. Chen, Eur. Pat. Appl. 565,074 (1993) [CA 119, 273417 (1993)].

[114] D. Ziebarth, Arch. Geschwulsrforsch. 52, 429 (1982).

[115] D. Ziebarth e T. Schramm, Z. Klin. Med. 45, 1183 (1990) [CA 113, 164880 (1990)].

[116] S. Furst, K. Gyires, e J. Knoll, Arzneim.-Forsch. 38, 552 (1988).

[117] K. Gyires, S. Furst, I. Miklya, I. BudvBri, e J. Knoll, Drugs Exp. Clin. Res. 11, 493 (1985).

[118] S. Furst and K. Gyires, Adu. Biosci. 75, 491 (1989) [CA 111, 187358 (1989)].

[119] K. Gyires, Inflammafion Drug Ther., Ser. 5 (Side-Eff. Anti-Inflammatory Drugs)

3, 350 (1992).

[120] G. M. Aleksandrova, E. V. Zoryan, Z. I. El'tsova, G. N. Efremova, and G. P. Milogradova, Farmakol. Toksikol. (Moscovo) 48(3), 29 (1985) [CA 103, 64750 (1985)].

[121] Gy. Sebestykn, V. Gergely, S. Virag, e Z. MdszBros, JAT, J. Appl. Toxicol. 3, 6 (1983).

[122] E. Farago, G. Takats, e G. Nagy, Zentralbl. Pharm., Pharmakother. Laboratoriumsdiagn. 122, 19 (1983) [CA 98, 191203 (1983)].

[123] M. Pongor, G. Horvath, S. Bozsoky, G. Nagy, M. David, S. Virag e K. Marmarosi, Eur. Pat. Appl. 91, 179 (1983) [CA 99, 218605 (1983)].

[124] K. Tekes, L. G. Harsing, K. Magyar e J. Knoll, Adv. Pharmacol. Res. Pract., Proc. Congr. Hung. Pharmacol. Soc., 3rd. 1979 5, 201 (1980).

[125] H. H. Buehring e W. Klinger, Pharmazie 37, 783 (1982).

[126] Gy. Stampf, Gy. LukBcs, M. Jelinek-Nikolics, and A. Morvai, Meres Autom. 34, 203 (1986) [CA 106, 55740 (1987)].

[127] G. G. Ecsedi, S. Virag, and E. J. Hidvegi, Atherosclerosis (Shannon, Irel.) 39, 183 (1981).

[128] Drug News Perspect. 4, 550 (1991).

[129] Y. Yanagihara, H. Kasai, T. Kawashima e T. Shida, Jpn. J. Pharmacol. 48, 91 (1988).

[130] T. Kawashima, H. Tomioka, e S. Yoshida, Jpn. J. Allergol. 37, 438 (1988).

[131] T. Kawashima, Y. Sato, T. Aiba, S. Omura, e H. Kasai, Oyo Yakuri 46,265 (1993) [CA M, 23330 (1994)].

[132] K. Ninomiya, S. Matsuoka, S. Matsui, K. Hirazuka, S. Ohmura, and H. Hosono, Yakuri to Chiryo 17, 1249 (1989) [CA 111, 70348 (1989)].

[133] R. Nagata, T. Nagata, T. Onimaru, K. Tanaka, M. Ohmishi, D. Kakimoto, T. Sato, T. Nagat, N. Hirabayshi, e T. Morohashi, Yakuri to Chiryo 17, 1153 (1989) [CA 111, 89979 (1989)].

[134] R. Nagata, T. Nagata, T. Onimaru, K. Tanaka, M. Ohnishi, D. Kakimoto, T. Nagata, N. Hirabyashi, e T. Morohashi, Yakuri to Chiryo 17, 1183 (1989) [CA

111, 89980 (1989)].

[135] S. Ishida, Y. Ishida, M. Fujioka, T. Katsumata, K. Hatayama, e K. Tamura, Takuri to Chiryo 18,893 (1990) [CA 114, 74865 (1990)].

[136] K. Baba, N. Miyazawa, and S. Sekido, Yakuri to Chiryo 17, 1205 (1989) [CA 111, 187243 (1989)].

[137] H. Shimazu, S. Ishida, T. Katsumata, H. Yamazaki, K. Tamura, and Y. Ishida, Yakuri to Chiryo 18,921 (1990) [CA 113, 204691 (1990)].

[138] Y. Nagashima, Y. Ishida, K. Seuzawa, T. Matsuoka, e H. Ito, Yakuri to Chiryo 18, 1003 [CA 113, 204693 (1990)].

[139] Y. Momose, Y. Mabuchi, A. Shigematsu, and A. Inoue, Yakuri to Chiryo 17, 1215 [CA 111, 89702 (1989)].

[140] A. Nakamura e M. Kinbara, Yakuri to Chiryo 18, 1017 (1990) [CA 113, 204397 (1990)].

[141] M. Kinbara, A. Nakamura, and S. Matsui, Yakuri to Chiryo 18, 1035 (1990) [CA 113,204398 (1990)].

[142] M. Kinbara, Yakurito Chiryo 18, 1049 (1990) [CA 114, 134 (1991)].

[143] M. Kinbara e T. Michiaki, Yakuri to Chiryo 18, 1041 (1990) [CA 114, 17044 (1990)].

[144] H. Fujimiya, S. Nakashima, H. Miyata, e Y. Nozawa, Allergy Appl. Immunol. 96, 62 (1991).

[145] D. G. Tinkelman and R. B. Berkowitz, Ann. Allergy 66, 162 (1991).

[146] T. Yazaki e K. Takuma, Eur. Pat. Appl. 316,174 (1989) [CA 112, 104864 (1990)].

[147] H. Mibu, Y. Sakai, K. Takase, M. Hikita, F. Ariga, M. Takahashi, H. Kirnura e H. Wada, Clin. Rep. 24, 413 (1990).

[148] A. Onishi, M. Matsumoto, M. Kanehara, and Y. Sato, Yakuri to Chiryo 19, 2199 (1991) [CA 115, 166477 (1991)].

[149] T. Yazaki and Y. Goto, Eur. Pat. Appl. 403,301 (1990) [CA 115, 35726 (1991)].

[150] T. Yazaki, T. Matsushita, andT. Nagase, Eur. Pat. Appl. 407 (1991) [CA 115, 57185 (1991)].

[151] M. O'Donnell and A. Welton, Eur. Pat. Appl. 469,477 (1992) [CA 117, 14418 (1993)].

[152] M. Fujimura, T. Bando, K. Mizuhashi, e T. Matsuda, Prostaglandins 42, 379 (1991).

[153] H. Kasai, T. Kawashima, S. Omura e Y. Yanagihara, Jpn. J. Pharmacol. 58, 347 (1992).

[154] A. Iso, K. Hayashishita, e M. Yamaguchi, PCT Int. Appl. 93/25,206 (1993) [CA 120, 173476 (1994)].

[155] S. Omura, PCT Int. Appl. 94/03,172 (1994) [CA 120, 226975 (1994)].

[156] I. Rozsa, Z. Kapui, T. Szecsi, I. Hermecz, e G. Blasko, Arzneim.-Forsch. 39, 686 (1989).

[157] J. Woods, F. Medzihradsky, C. Smith, G. Winger e C. France, NIDA Res. Monogr. 90, 421 (1988).

[158] P. Szentmiklosi, S. Marton, M. Hajdu, and I. Racz, Int. J. Pharm. Technol. Prod. Manuf. 5, 15 (1984) [CA 104, 24153 (1986)].

[159] O. Papp, Zs. Halasz-Ignath, Gy. Szasz, K. Valko, J. Vamos, e I. Hermecz, Drugs, Biochem. Metab., Sci. Muter. Pap. Colloq., 1981, 247 (1981) [CA 96, 27945 (1982)].

[160] L. Kalmar, I. Lang, P. Gonzelez-Cabello, P. Gergely, and J. Feher, Ata Med. Hung. 43,255 (1986) [CA 107,126681 (1987)].

[161] Z. Meszaros, J. Knoll, I. Hermecz, P. Szentmiklosi, A. Horvath, L. Vasvari-Debreczy, G. Kovacs, K. Gyires e S. Virag, Eur. Pat. Appl. 182,569 (1986) [CA 105, 91336 (1986)].

[162] I. Hermecz, J. Sipos, L. Vasvari-Debreczy, K. Gyires, and Z. Kapui, Ata Physiol. Hung. 80, 225 (1992).

[163] I. Hermecz, L. Vasvzki-Debreczy, A. Horvath, M. Balogh, J. Kokosi, C. DeVos e L. Rodriguez, J. Med. Chem. 30, 1543 (1987).

[164] I. Hermecz, A. Horvath, Z. Meszoros, C. DeVos e L. Rodriguez, J. Med. Chem. 27, 1253 (1984).

[165] C. DeVos, F. Dessy, I. Hermecz, Z. Meszaros, and T. Breining, Int. Arch. Allergy

Appl. Immunol. 67, 362 (1982).

ESBOÇO BIOGRÁFICO

O Dr. Khaled M. Elattar nasceu em Menyet Sammanoud, Aga, El-dakahlia, Egito. Obteve a sua licenciatura em 2002 pela Faculdade de Ciências da Universidade de Mansoura, Egito, e o seu mestrado em 2006 pela Faculdade de Ciências da Universidade de Benha, Benha, Egito. Obteve o seu doutoramento em química orgânica em 2011 pela Faculdade de Ciências da Universidade de Mansoura, Egito (orientador da tese de doutoramento: Prof. A. A. Fadda e Prof. A. S. Fouda). É professor de Química Orgânica na Faculdade de Educação da Universidade de Sert, Sert, Líbia, desde 2012. É membro da Sociedade Egípcia de Química. É revisor de algumas revistas internacionais. Os seus principais interesses de investigação são no domínio da síntese orgânica de compostos heterocíclicos de interesse farmacêutico, química medicinal e síntese de novos derivados de porfirinas.

MIX
Papier aus verantwortungsvollen Quellen
Paper from responsible sources
FSC® C105338

Printed by Books on Demand GmbH, Norderstedt / Germany